上海大学出版社

2005年上海大学博士学位论文 56

U0358887

自适应剖面隐马氏模型软件研制

- 作者：顾燕红
- 专业：运筹学与控制论
- 导师：史定华

A Dissertation Submitted To Shanghai University for the Degree of Doctor in Science（2005）

Development of Self-Adapting Profile Hidden Markov Model Software

PhD. Candidate：Gu Yanhong

Supervisor：Shi Dinghua

Major：Operation Research and Cybernetics

Shanghai University Press

• **Shanghai** •

摘　　要

随着人类基因组计划和各种模式生物测序计划的进行,人们面临着"海量"的生物序列数据需要分析处理,因此出现了生物信息学这门新的学科.她是一门交叉学科,包含了生物信息的获取、处理、存储、分发、分析和解释等的所有方面,综合运用数学、计算机科学和生物学的各种工具,来阐明和理解生物信息中蕴涵的大量具有生物学意义的特征.隐马氏模型于20世纪80年代后期开始被应用于生物信息学的各个方面,如多重序列联配、基因寻找、蛋白质结构预测和系统发育树构建等.

剖面隐马氏模型是隐马氏模型在生物信息学中应用最为广泛的一种类型,本课题对隐马氏模型的研究也主要集中于这种类型.Baum-Welch重估计(EM)算法使得剖面隐马氏模型的参数估计问题在一定程度上得到了圆满的解决,但由于Baum-Welch重估计(EM)算法是一种基于最陡梯度下降的局部优化算法,因此往往只能求得参数的局部最优值.在各种应用中剖面隐马氏模型依然存在着许多问题,例如解的质量取决于剖面隐马氏模型的初始值的选取以及模型的复杂度和过拟合问题依赖于剖面隐马氏模型主状态数的选取等.本课题对这些问题一一加以了分析和研究.

论文第一章对课题研究需要用到的生物学背景知识和生物信息学的主要内涵作了扼要的介绍,说明了本课题研究的学术意义和应用价值,以及本课题具体研究的内容.

第二章从序列特征片断 CpG 岛建模,说明了研究隐马氏模型的必要性.接着,列出了隐马氏模型及其在实际应用中面临的三个关键问题,并给出了具体的求解过程.然后,介绍了在生物信息学中常用的隐马氏模型:剖面隐马氏模型、基因发现器隐马氏模型和跨膜蛋白结构预测隐马氏模型等,反映了隐马氏模型在生物信息学中起着越来越重要的作用.最后,通过对国外隐马氏模型的应用状况进行了总结,列举了现有的隐马氏模型软件及隐马氏模型数据库和模型库.

第三章围绕着剖面隐马氏模型展开各方面的讨论.首先,阐述了计分矩阵的统计显著性,剖面隐马氏模型作为多重序列联配的统计框架和各种得分,如负对数似然得分、Z-得分和对数差异得分.接着,基于贝叶斯推断分析,在假设剖面隐马氏模型参数(包括状态转移概率和符号发出概率)的先验分布均为 Dirichlet 分布的前提下,推导了贝叶斯 Baum-Welch 重估计(EM)算法公式.然后,我们使用实际的例子说明了 Baum-Welch 重估计(EM)算法是一种局部优化算法,最终的剖面隐马氏模型的质量取决于初始参数的选取.基于模拟退火算法的思想,在加入随机扰动的情况下,验证了初始解的随机选取对最终结果基本没有影响.最后,对基于启发式方法和极大化后验构建算法确定和调整剖面隐马氏模型主状态数进行了比较研究,用实例说明了用贝叶斯信息准则在选取模型主状态数时的有效性.

第四章针对剖面隐马氏模型训练算法的不足之处,首先提出了一个两阶段(参数和构形)交替优化算法,它能自动地从数据估计参数和优化构形,简称为自适应剖面隐马氏模型.通常为确定剖面隐马氏模型将训练分为两个阶段:第一阶段是指在模型主状态数已定时从训练序列数据集训练剖面隐马氏模型的参数(状态转移概率和符号发出概率);第二阶段是指从训练序列数据集确定剖面隐马氏模型的主状态数,往往是采用启发式方法或人工比较的方法.而自适应剖面隐马氏模型使得在参数估计的同时,模型拓扑构形也能自动地得到优化,实现了机器学习的智能化.接着,给出了单序列数据和多序列数据训练自适应剖面氏模型用到的算法公式.然后,给出了自适应剖面隐马氏模型总的算法框图、并行实现的过程以及使用指南.最后,将自适应剖面隐马氏模型软件应用于多重序列联配,并与国外现存的多重序列联配软件进行了比较.

论文的结论部分对所做的工作做了概括,并对进一步的研究工作指出了方向.

关键词 生物信息学,隐马氏模型,剖面,自适应,贝叶斯信息准则,多重序列联配

Abstract

The steady progress of Human Genome Project and various model systems sequencing projects in recent years has led to the huge amounts of biological sequence data to deal with. Information science has been applied to biology to produce the field called Bioinformatics. She is an interdisciplinary science encompassing mathematics, computer science, and biology to store, retrieve, manage and most importantly, to analyze these massive amounts of data. She also helps us to make biological sense out of the vast amounts of data. In the late 1980s hidden Markov models (HMMs) began to be widely used in many fields of Bioinformatics, such as multiple sequences alignment, gene finding, protein structure prediction, phylogenetic tree construction, etc.

Profile hidden Markov model (PHMM) is one of the most widely used forms in Bioinformatics. During the research we mainly concentrate on this form of HMMs. Usually, Baum-Welch reestimation (EM) algorithm is used to estimate the model parameters (including state transition probabilities and symbol emission probabilities). However, it has a tendency to stagnate on local optima. There do still exist many problems about the training algorithm of PHMM.

Like other iterative maximum likelihood approaches, the accuracy of the model parameters estimated using Baum-Welch reestimation (EM) algorithm depends on the quality of the initial model parameters of PHMM. Otherwise, in Baum-Welch reestimation （EM） algorithm, the topology of PHMM, *i.e.*, the number of the main states is predefined. Therefore, PHMM training problem focuses on learning of the model parameters to fit the given training data sequences. But, for many other cases, the model topology capturing the system dynamic behavior is not available. The complexity of the model and the overfitted problem depend strongly on the selection of the number of the main states of PHMM. All these problems are studied in this paper.

In the first chapter, we introduce the research backgrounds on biology and the developments and trends of Bioinformatics. The skeleton and academic value of this paper are illuminated.

In the second chapter, we present the necessary of researching HMMs from CpG islands modeling. The three fundamental problems of HMMs and their detailed solving processes are pointed out. Then, we introduce the most common HMMs used in Bioinformatics: profile hidden Markov model, gene finding hidden Markov model, and transmembrane hidden Markov model which reflect that HMMs become more and more important in Bioinformatics. We also review the existing softwares, database, and model library of HMMs through summarizing the overseas HMMs.

In the third chapter, we make much discussion on the basis of PHMM. Firstly, we illuminate the statistical significant of scoring matrixes, PHMM as a statistical framework of multiple sequences alignment, and various scoring, such as negative log-likelihood scoring, Z-scoring, and log-odds ratio scoring. Then, under the condition of supposing that prior distributions of all PHMM parameters (including state transition probabilities and symbol emission probabilities) are Dirichlet distribution, we infer Bayesian Baum-Welch reestimation (EM) algorithm formulae based on Bayesian statistics. We use an example to explain that Baum-Welch reestimation (EM) algorithm is a local optimal algorithm. The quality of the result PHMM depends on the selection of the initial model parameters. We validate that the selection of the initial model parameters doesn't affect the result when we introduce the noise injection based on the simulated annealing algorithm. Then we study how to choose and adjust the number of the main states using heuristic approach and maximum a posterior construction algorithm. An example explains the effectiveness of choosing the number of the main states according to Bayesian information criterion.

In the fourth chapter, according the disadvantages of training algorithm of PHMM mentioned above, we develop software based on PHMM, which is named self-adapting profile hidden Markov model (SAPHMM). Usually, PHMM training problem can be viewed at two different levels:

(i) the model parameters training level, and (ii) the model topology training level. At the model parameters training level, the model topology, $i.e.$, the number of the main states, is given. At the model topology training level, it generally adopts the heuristic approach or manual construction to determine the number of the main states of PHMM. SAPHMM can simultaneously learn the model topology and the model parameters from sequence data. The algorithm formulae used in training SAPHMM are given for single sequence and multiple sequences. We also give the flow chart, parallelization, and guidance of SAPHMM software. The applicability of SAPHMM software is exemplified on multiple sequences alignment problem. We compare our result to those produced by HMMer program and ClustalW program.

In conclusion section, a brief summary of all discussed topics is placed. The research direction for next step is pointed out.

Key words Bioinformatics, hidden Markov model, profile, self-adapting, Bayesian information criterion, multiple sequences alignment

目　　录

第一章　生物信息学简介

随着以功能基因组学（Functional Genomics）和蛋白质组学（Proteomics）为主要研究内容的后基因组信息学（Post-Genome Informatics）时代的来临，人们面对着"海量"的生物序列数据需要分析处理. 这些"海量"的生物序列数据是用特殊的"遗传语言"——核酸的 5 种碱基字符（A、C、G、T 和 U）和蛋白质的 20 种氨基酸字符（A、C、D、E、F、G、H、I、K、L、M、N、P、Q、R、S、T、V、W 和 Y）等——写成. 这不仅给分子生物学家带来了挑战，也催生了一门新兴的交叉学科——生物信息学（Bioinformatics）. 本章首先对生物学的背景知识作扼要介绍，接着简述生物信息学，最后给出本课题的研究动因和论文的总体框架.

1.1　生物学背景知识

1.1.1　生物大分子

生命的三种最重要的大分子——脱氧核糖核酸、核糖核酸和蛋白质都是以聚合物（Polymer）的形式由一些小分子结合而成的[1—5].

脱氧核糖核酸（Deoxyribonucleic Acid，简记为 DNA）是所有生物体（除了某些病毒外）的遗传信息的载体，控制着生物的遗传性状. 它是由被称为核苷酸（Nucleotide）的小分子组成的一种聚合物，其中每一个核苷酸包含碱基、脱氧核糖和磷酸三部分. DNA 含有 4 种不同的碱基，构成四种核苷酸. 在 DNA 分子中的碱基分别是腺嘌呤（Adenine，简记为 A）、鸟嘌呤（Guanine，简记为 G）、胞嘧啶（Cytosine，简记为 C）和胸腺嘧啶（Thymine，简记为 T）. 1953 年，美国生物学家 James D. Watson 和英国生物物理学家 Francis H. C. Crick[6]提出了 DNA 分子结构的双螺旋模型(如图 1−1 所示),即每一个 DNA 分子是由两条链通过碱基间的氢键相连,并盘绕成一个双螺旋结构.在双链之间存在着根据其碱基性质严格的两两配对关系:A 和 T 配对,G 和 C 配对.我们一般将 DNA 分子看成是由字母表 $V = \{A,G,C,T\}$ 中的元素组成的字母序列.

核苷酸　　碱基对 糖磷骨架

图 1−1　DNA 分子的双螺旋结构示意图

核糖核酸(Ribonucleic Acid,简记为 RNA)也是由小分子核苷酸组成的一种聚合物.与 DNA 分子核苷酸的不同之处在于:它们的核糖结构不同,DNA 含脱氧核糖,而 RNA 含核糖;另一个是 RNA 分子的碱基除以尿嘧啶(Uracil,简记为 U)代替胸腺嘧啶(T)外,其他的与 DNA 分子的完全相同.因此,可以将 RNA 分子看成是由字母表 $V = \{A,G,C,U\}$ 中的元素组成的字母序列.绝大多数 RNA 分子以单链形式存在,但 RNA 分子也可以与 DNA 分子配对,只是以 U 代替 T 与 A 配对.

蛋白质(Protein)在生物体的生命活动中起着重要的作用,它是生物体的结构元件和酶促元件.虽然遗传信息的携带者是脱氧核糖核酸,但是遗传信息的复制、转录和表达都是在蛋白质的调控下进行的.从细菌到人类的所有物种中,一切蛋白质都是由 20 种氨基酸(Amino Acid)通过肽键连接而成的.它就像是由 26 个英文字母可以组合成无数个单词一样,各种不同的蛋白质也因为氨基酸的组成不同而异.蛋白质的平均链长约为 300 到 400 个氨基酸.氨基酸有三字母和单字母两套符号表示形式(如表 1−1 所示).

表 1-1　氨基酸的三字母符号和单字母符号表示

氨　基　酸	三字母符号	单字母符号	氨　基　酸	三字母符号	单字母符号
丙氨酸(Alanine)	Ala	A	亮氨酸(Leucine)	Leu	L
精氨酸(Arginine)	Arg	R	赖氨酸(Lysine)	Lys	K
天冬酰胺(Asparagine)	Asn	N	甲硫氨酸(Methionine)	Met	M
天冬氨酸(Aspartic Acid)	Asp	D	苯丙氨酸(Phenylalanine)	Phe	F
半胱氨酸(Cysteine)	Cys	C	脯氨酸(Proline)	Pro	P
谷酰胺(Glutamine)	Gln	Q	丝氨酸(Serine)	Ser	S
谷氨酸(Glutamic Acid)	Glu	E	苏氨酸(Threonine)	Thr	T
甘氨酸(Glycine)	Gly	G	色氨酸(Tryptophan)	Trp	W
组氨酸(Histidine)	His	H	酪氨酸(Tyrosine)	Tyr	Y
异亮氨酸(Isoleucine)	Ile	I	缬氨酸(Valine)	Val	V

1.1.2　染色体与基因

　　染色体(Chromosome)是细胞核中由 DNA 分子、蛋白质和少量 RNA 分子组成的易被碱性染料着色的一种丝状或杆状物. 由于亲代能够将自己的遗传物质 DNA 以染色体的形式传递给子代,保持了物种的稳定性和连续性,因此染色体在遗传上起着主要作用. 同一物种内每条染色体所带 DNA 分子的量是一定的,但不同物种之间的染色体差别很大,从上百万到几亿个核苷酸不等.

　　基因(Gene)[7—9]一词最早是由丹麦遗传学家 Wilhelm L. Johannsen 于 1909 年提出. 而在这之前,遗传学创始人奥地利遗传学家 Gregor J. Mendel 用"遗传因子(Hereditary Factor)"表达了对基因的认识. 基因的概念随着遗传学、分子生物学等的发展而不断完善. 从分子生物学角度看,基因是 DNA 分子中含有特定遗传信息的一段核苷酸序列,是遗传物质的最小功能单位. 基因位于染色体上,并在染色体上呈线形排列. 染色体上的全套基因被称为基因组(Genome). 基因不仅可以通过复制把遗传信息传递给下一代,还可以使遗传信息得到表达. 不同人种之间头发、眼睛、肤色等不同就是基因差异所致. 每条染色体含有一个 DNA 分子,每个 DNA 分子含有很多个基因. 据测算,小病毒的 DNA 分子上只有 4～5 个基因,大肠杆菌(Escherichia coli,简记为 E. coli)的 DNA 分子含有 3 千～4 千个基因,而我们人体中的 DNA 分子含有 3 万～4 万个基因[10].

无论是真核生物(Eucaryote)的基因还是原核生物(Procaryote)的基因,都可以划分为编码区和非编码区两个基本组成部分. 原核基因的编码区是连续不断的序列,包括一个起始密码子 ATG 和一个终止密码子 TAA. 真核基因的编码区是间断的、不连续的,由外显子(Exon)和内含子(Intron)两部分构成(如图 1-2 所示).

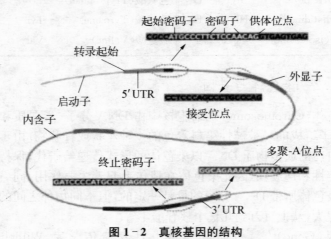

图 1-2 真核基因的结构

可是,DNA 分子只存在于细胞核中,而蛋白质的合成是在细胞质中进行的,是什么东西把细胞核中的遗传信息转达到了细胞质中呢? 信使核糖核酸(messenger RNA,简记为 mRNA)和转移核糖核酸(transfer RNA,简记为 tRNA)的发现给这个问题提供了答案. 1958 年,Francis H. C. Crick 在综合地分析了 20 世纪 50 年代末期有关遗传信息流转向的各种资料的基础上,提出了描绘 DNA、RNA 和蛋白质三者关系的"中心法则(Central Dogma)":生命遗传信息由 DNA 传递给 DNA 的过程称为"复制(Duplication)",从 DNA 传递给 mRNA 的过程称为"转录(Transcription)",由 mRNA 再传递给蛋白质的过程称为"翻译(Translation)".这一"复制"、"转录"和"翻译"的全过程称之为分子生物学的"中心法则"(如图 1-3 所示).生物的代代相传就是遵循着这一法则进行的.

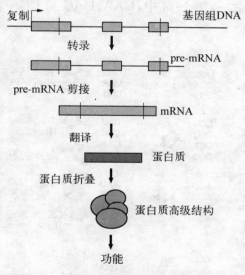

图 1-3 分子生物学的中心法则

图 1-3 中,外显子用矩形框表示,内含子和基因间区域用水平细线表示,起始密码子和终止密码子用垂直细线表示.

但是作为生命活动承担者的蛋白质又是怎样接受遗传信息的呢? 在核糖体内合成蛋白质时,转移核糖核酸(tRNA)将一个氨基酸与信使核糖核酸(mRNA)上的 3 个碱基互补配对,也就是说每 3 个碱基(相同的或不同的)一组可以与一个氨基酸相对应.核糖核酸有 4 种核苷酸,这样就有 $4^3 = 64$ 种排列能与构成蛋白质的 20 种氨基酸相对应. 因此,决定 20 种氨基酸的 64 种核苷酸排列被称之为"遗传密码(Genetic Code)". 每 3 个核苷酸编码一个氨基酸,称为密码子(Codon),图 1-4 显示了 64 种密码子翻译成为 20 种氨基酸的遗传密码表. 截止 1966 年,科学家已将构成蛋白质的 20 种氨基酸的密码全部破译了出来,从而蛋白质肽链中氨基酸的排序,即一级结构不是任意的,而是完全由基因的 DNA 所编码. 遗传密码的破译,是基因研究中的一项重大进展,也是 20 世纪 60 年代分子生物学研究取得的最激动人心的成就之一. 图 1-4 中,UAA、UAG 和 UGA 表示三个终止密码子.

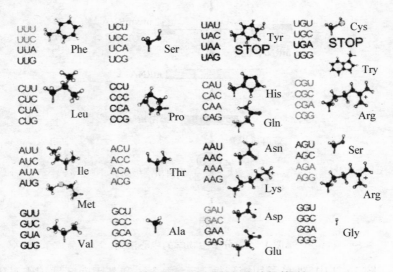

图 1-4　遗传密码子及其相应的氨基酸

1.1.3　人类基因组计划

基因测序工作始于 20 世纪 70 年代,那时科学家们已成功开发出能每天拼出 50 万个碱基的自动化测序机制. 1985 年意大利裔美国病毒学家 Renato Dulbecco 提出了一个让世界震惊的想法:给人类的全部基因列一个目录! 而被誉为生命科学"阿波罗登月计划"的国际人类基因组计划(Human Genome Project,简记为 HGP)[9,11—15]于 1990年 10 月正式启动,包括美、英、法、德、日、中等六国科学家参与了这项工程浩大的研究. 其主要目标是完成人类全部 23 对染色体上基因的作图(包括遗传图谱和物理图谱)(如图 1-5 所示)和 DNA 全长的测序(各条染色体 DNA 全部 30 多亿对核苷酸排列顺序的测定),阐明人体中全部基因的位置、结构、功能、表达、调控方式及致病突变的全部信息. 1999 年 7 月,中国科学院遗传所人类基因组中心在国际人类基因组 HGSI(Human Genome Sequencing Index)注册,从而中国科学家加入了这个绘制人类生命蓝图的计划,承担了其中 1%(3 号染色体上 3 000 万个碱基对)的测序任务,并于 2000 年 4 月完成了 1%人类基因组的工作框架. 这标志着我国已经掌握了生命科学领域中最前沿的大片段基因组测序技术,在结构基因组学中占了一席之地.

图 1-5 中,STS 表示分布于整个基因组的序列标签位点;Contig表示相互重叠并覆盖整个基因组的 DNA 克隆片段;Genethon 是基因组范围的一种基因图谱表示;Genes_seq 表示染色体上的基因,图中共标记了 20 种基因;最右边是染色体的图形表示形式.

2000 年 6 月 26 日六国科学家相继向全世界宣布人类基因组工作草图绘制成功,该草图涵盖了人类基因组 97%以上的信息. 2001 年 2 月 12 日六国科学家和美国塞莱拉公司联合公布了对人类遗传基因解码定序的解读成果[16],人类基因组图谱正式面世,确定了整个人类基因组共有 32 亿对碱基,人类基因数量大约在 3 万～4 万个左右,只是酵母菌(Saccharomycete)的 4 倍,果蝇(Drosophila melanogaster,简记为 D. melanogaster)的 2 倍,比秀丽线虫(Nematode)也只多一万多个基因. 虽然人类基因组测序工作即将完成,但就完全理解人类基因系统而言,绘制出基因组草图仅仅是在破解生命之谜的道路上迈出了第一步. 生物学家们的最终目标是希望了解基因如何影响和指导生物体的发育和演化,弄清人类基因库中变异的频率及其与疾病的关系,期望由此认识生命、改造生命并优化生命.

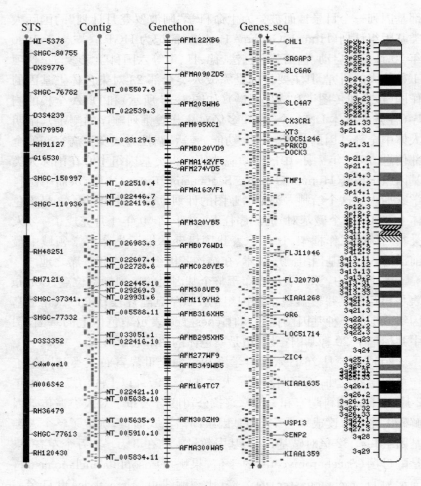

图 1-5　人类 3 号染色体的部分基因图谱示意图

1.1.4　蛋白质结构介绍

蛋白质分子是由 20 种不同的氨基酸通过共价键连接而成的线性多肽链,每一种蛋白质在天然条件下都有其特定的空间结构[17-19].蛋白质所具有的功能在很大程度上是由其空间结构所直接赋予的. 因此, 为了完全理解蛋白质的功能, 必须知道蛋白质分子的结构. 一般情况下, 蛋白质的结构分为四个层次: 一级结构 (氨基酸序列); 二级结构 (α-螺旋, β-折叠等模式); 三级结构 (氨基酸在空间的布局); 四级结构 (蛋白质与蛋白质间的相互作用). 其中蛋白质的二、三、四级结构一般统称为蛋白质的高级结构, 而蛋白质的高级结构信息都蕴藏在其氨基酸序列中[19]. 图 1-6 显示了蛋白质各层次结构之间的关系.

一级结构　　二级结构　　　　三级结构　　　　　　四级结构

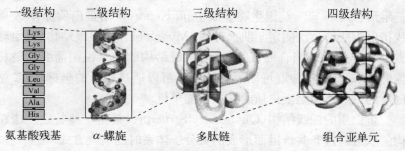

氨基酸残基　　α-螺旋　　　　多肽链　　　　　组合亚单元

图 1-6　蛋白质各层次结构之间的关系

从化学上讲, 蛋白质的一级结构 (Primary Structure) 是指蛋白质分子中共价键的结构, 它是由基因上遗传密码的排列顺序所决定的. 1953 年美国生物化学家 Frederick Sanger[19] 第一次测定了胰岛素 (Insulin) 的一级结构, 目前已确定上千种蛋白质的一级结构. 蛋白质的一级结构也称为残基或氨基酸序列.

蛋白质的二级结构 (Secondary Structure) 是指多肽链中局部肽段的构像, 即将蛋白质相邻的残基分配给几个构像类中的一个, 不考虑侧链的构像及整个肽键的空间结构. 这些局部构像通常基于主链氮氢原子与主链氧原子间的氢键的模式. 最常出现的二级结构是 α-螺旋 (α-Helix)、β-折叠 (β-Sheet) 和卷曲 (Coil). 蛋白质二级结构的一个片段是具有相同二级结构标志的连续残基的最大串, 如图 1-7 所示的二级结构取自前髓细胞白血病锌指蛋白质 (Promyelocytic Leukemia Zinc Finger Protein, 在 PDB 数据库中该蛋白质的识别号是 1BUO)的一段,它共由 5 个二级结构片段组成.

图 1－7 中,H 表示螺旋,E 表示折叠,C 表示卷曲.

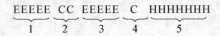

**图 1－7　前髓细胞白血病锌指蛋白质(PDB ID:1BUO)
的一段二级结构**

蛋白质的三级结构(Tertiary Structure)是指蛋白质天然折叠的三维形状. 1960 年,英国生物学家 John Kendrew 用蛋白质晶体 X 射线衍射方法第一次测定了肌血球素(Myoglobin)的三级结构. 肌血球素由 6 个 α-螺旋组合而成. 蛋白质三级结构的完全说明需要侧链构像的细节,侧链构像既可以通过键角也可以通过原子的坐标指定. 蛋白质的三级结构是蛋白质的基本功能单位.

蛋白质的四级结构(Quaternary Structure)是指一些特定三级结构的肽链通过非共价键而形成的大分子体系时的组合方式.

1.2　什么是生物信息学

1.2.1　生物信息学的定义

随着人类基因组计划的实施,通过基因组测序、蛋白质序列测定和结构解析等实验,获得了大量的原始数据. 需要利用现代计算技术对这些数据进行收集、建模、存储、搜索、注释和使用,因此产生了生物信息学[20—28]. 她是多学科交叉、渗透的产物,涉及生物学、数学、化学、物理学、信息科学以及计算机科学等诸多学科的知识. 目前主要的研究对象是生物大分子,采用计算机作为主要的研究工具来加工这些生物大分子的数据. 它涉及从数据的处理、出版到数据的挖掘、分析,一个很广的范围. 1995 年,在美国人类基因组计划的第一个五年总结报告中给出了生物信息学一个较为完整的定义:生物信息学是包含生物信息的获取、处理、贮存、分发、分析和解释等的所有方面的一门学科,它综合运用数学、计算机科学和生物学的各种工具进行研究,目的在于了解生物信息中蕴涵的大量生物学意义.

生物信息学是内涵非常丰富的新兴学科,其核心是基因组信息学(Genome Informatics),包括基因组信息的获取、处理、存储、分配和解释,其关键是"读懂"基因组的核苷酸顺序,即全部基因在染色体上的确切位置以及各 DNA 片段的功能;同时在发现了新基因信息之后进行蛋白质空间结构模拟和预测;然后依据特定蛋白质的功能进行药物设计等.研究的最终目标是要把生物学问题转化成对数字符号的处理问题.要解决这样的问题就必须发展新的分析理论、方法、技术和工具.从生物信息学研究的具体内容上看,生物信息学应包括3 个主要部分:(1) 新算法和统计学方法研究;(2) 各类数据的分析和解释;(3) 研制有效利用和管理数据的新工具.生物信息学包括以下几个主要研究领域:获取人和各种生物的完整基因组;发现新基因和新的单核苷酸多态性(Single Nucleotide Polymorphism,简记为SNP);基因组中非编码蛋白质;在基因组水平研究生物进化;完整基因组的比较研究;从功能基因组到系统生物学;蛋白质结构模拟与药物设计;基因表达谱分析;代谢网络分析;基因芯片设计;蛋白质组学数据分析;等等.

著名的理论物理学家郝柏林院士甚至认为,所谓生物信息学其实就是信息和计算机网络时代的新生物学[20].

1.2.2 生物信息数据库

生物信息学的首要工作就是建立各种生物信息数据库,从通过实验得到的最基本的核酸和蛋白质序列一次数据库到针对特定目标再次开发的二次数据库.

近 20 多年来,分子生物学发展的一个显著特点是生物信息的剧烈膨胀,形成了当前数以百计的各种生物信息数据库.这里所指的生物信息包括多种数据类型,如分子序列(核酸和蛋白质)、蛋白质二级结构和三维结构数据、蛋白质疏水性数据等.这些数据库各自按照一定的目标收集和整理各种生物数据,并提供相关的数据查询、数据处理等服务. 归纳起来,这些生物信息数据库大体可以分为 4 个大类,即基因组数据库、核酸与蛋白质一级结构序列数据库、生物大分子(主要是蛋白质)三维空间结构数据库和以上述三类数据库和文献资料为基础构建的二次数据库. 前三类数据库是生物信息学的基本数据资源,通常称为一次数据库. 一次数据库的数据都直接来源于实验获得的原始数据,只经过简单的归类整理和注释. 二次数据库是在一次数据库、实验数据和理论分析的基础上针对特定目标衍生而来,是对生物学知识和信息的进一步整理. 目前国际上著名的一次核酸数据库有美国国家生物技术信息中心(National Center for Biotechnology Information,简记为 NCBI,该中心隶属于美国国家医学图书馆 NLM,位于美国国家卫生研究院 NIH 内)的 GenBank 数据库[29]、欧洲分子生物学实验室(European Molecular Biology Laboratory,简记为 EMBL,位于英国剑桥)的 EMBL 数据库[30]和日本国立遗传学研究院的(DNA Data Bank of Japan)DDBJ 数据库[31]等(GenBank 数据库、EMBL 数据库和 DDBJ 数据库共同构成了"国际合作核酸序列数据库"). 蛋白质序列数据库有由瑞士日内瓦大学和欧洲分子生物学实验室于 1986 年共同建立的 SWISS-PROT 数据库[32]、PIR 国际蛋白质序列数据库(PSD)[33]等. 蛋白质结构库有蛋白质数据库(Protein Data Bank,简记为 PDB)[34]等. 二次生物信息数据库种类繁多,它们因针对不同的研究内容和需要而各具特色,如人类基因组图谱库 GDB[35]、真核生物基因表达调控转录因子和结合位点数据库 TRANSFAC[36]、蛋白质结构家族分类数据库 SCOP[37]、蛋白质功能位点和序列模式的 PROSITE 数据库[38]、跨膜蛋白及螺旋膜生成域数据库 TMBASE[39]、蛋白质直系同源簇(COGs)数据库[40]、同源蛋白家族数据库(PFAM)[41]、同源蛋白结构域数据库(BLOCKs)[42]、蛋白质二级结构构像参数数据库(DSSP)[43]、已知空间结构的蛋白质家族数据库(FSSP)[44]、已知空间结构的蛋白质及其同源蛋白数据库(HSSP)[45]、基因和基因组京都百科全书(Kyoto Encyclopedia of

Genes and Genomes,简记为 KEGG)[46]、相互作用的蛋白质数据库（DIP）[47]、可变剪接数据库（ASDB）[48]、转录调控区数据库（TRRD）[49]、法国生物信息研究中心生物信息数据库目录（DBCat）[50]等. 表 1-2 列出了常用生物信息数据库的名称及其网址.

表 1-2 常用生物信息数据库

生物信息数据库名称	网 址
GeneBank 核酸序列数据库	http://www.ncbi.nlm.nih.gov/Web/Genbank
EMBL 核酸序列数据库	http://www.ebi.ac.uk/embl.html
DDBJ 核酸序列数据库	http://www.ddbj.nig.ac.jp/
SWISS-PROT 蛋白质序列数据库	http://www.expasy.ch/sprot/
PIR 蛋白质序列数据库	http://www.nbrf.georgetown.edu/pir/
PSD 蛋白质序列数据库	http://pir.georgetown.edu/pirwww/dbinfo.textpsd.html
OWL 非冗余蛋白质序列库	http://bmbsgi11.leeds.ac.uk/bmb5dp/owl.html
PDB 蛋白质结构数据库	http://www.rcsb.org/pdb/
PDBFinder PDB 数据库注释信息库	http://www.sander.embl-heidelberg.de/pdbfinder/
GDB 人类基因组图谱数据库	http://www.gdb.org/
TRANSFAC 转录因子数据库	http://transfac.gdf.ed/TRANSFAC/
SCOP 蛋白质结构分类数据库	http://scop.mrc-lmb.cam.ac.uk/scop/
PROSITE 蛋白质功能位点数据库	http://www.expasy.ch/prosite/
TMBASE 跨膜蛋白数据库	ftp.isrec.isb-sib.ch/pub/tmbase
COGs 蛋白质直系同源簇数据库	http://www.ncbi.nlm.nih.gov/COG/
PFAM 蛋白质家族序列数据库	http://pfam.wustl.edu/
BLOCKs 同源蛋白序列模块	http://www.blocks.fhcrc.org/
PRODOM 蛋白质结构域数据库	http://www.toulouse.inra.fr/prodom.html
DSSP 蛋白质二级结构参数数据库	http://swift.embl-heidelberg.de/dssp
FSSP 已知空间结构蛋白质家族库	http://croma.ebi.ac.uk/dali/fssp/

生物信息数据库名称	网　　　址
HSSP 同源蛋白家族数据库	http://www. sander. embl-heidelberg. de/hssp/
KEGG 基因和基因组京都百科全书	http://www. genome. ad. jp/kegg/
SeqAnalRef 序列分析文献目录库	http://www. expasy. ch/seqanalref/
BioCat 生物信息学软件目录库	http://www. ebi. ac. uk/biocat/
DIP 蛋白质相互作用数据库	http://dip. doe-mbi. ucla. edu/
ASDB 可变剪接基因数据库	http://hattrick. lbl. gov：8888/
TRRD 转录调控区数据库	http://www. mgs. bionet. nsc. ru/mgs/dbases/trrd4/
DBCat 生物信息学目录	http://www. infobiogen. fr/services/dbcat/
PubMed 文献引用数据库	http://www. ncbi. nlm. nih. gov/

1.2.3　生物序列分析概述

生物序列分析[51—53]是生物信息学的主要研究领域,其主要工作是从浩瀚的原始生物序列数据中发掘和提取信息,探索和揭示生命的奥秘.生物序列分析包罗万象,但大致可归纳为从基因组测序所得序列的碱基读取和序列拼装到序列同源性搜寻(Sequence Homology Search)、多重序列联配(Multiple Sequences Alignment)、亲缘树的构建(Phylogeny Tree Construction)、蛋白质结构预测(Protein Structure Prediction)、基因组序列分析(Genomic Sequence Analysis)、基因发现(Gene Finding)以及快速搜索(序列)数据库技术(Database Searching)等主要方面.

从 20 世纪 80 年代后期,生物序列的计算分析——蛋白质分子、DNA 分子和 RNA 分子的线性描述已完全发生了改变.随着人类基因组和其他测序项目的持续发展,研究重点逐渐由数据的积累转向数据的处理.生物学家们以字母串的形式处理序列数据,这些字母串代表了蛋白质分子和核酸分子(脱氧核糖核酸和核糖核酸)的化学形式.各种测序计划在世界各地紧锣密鼓地进行着,而由此得出大量序列数据的速度大大超过了对蛋白质和核酸进行详细研究以决定它们的三级结构和生物功能的速度. 许多努力已经用来发展新的算法和计算机程序来分析新的生物序列数据以理解这些数据所代表的生物分子的性质.

当前,生命科学的深入研究已离不开蓄积的"海量"生物信息资源和用于生物序列分析的各种有效工具. 生物序列分析一般是依据已有的分子生物学知识,通过编码程序由计算机自动执行的. 在设计程序时,数学方法也从一般的组合数学方法和统计学方法向智能化算法、现代数理统计学方法和最优化方法发展,模糊神经网络、现代贝叶斯统计和隐马氏模型等各种数学工具已被广泛地应用于生物序列的建模和分析,并取得了一系列重要结果. 这大大加深了对生命现象的理解,有力地推动了生命科学的发展. 人工智能方法,比如神经网络(Neural Networks)、隐马氏模型(Hidden Markov Models,简记为 HMMs)、信仰网络(Belief Networks)等对于那些呈现"海量"数据,存在"噪声"模式,以及缺乏综合理论的领域是理想的选择. 这些方法的基本思想就是通过不完全推断、模型设计或者分析样品的过程从数据中自动挖掘信息.

1.2.4 生物信息学中的数学

各种数学理论或多或少、或直接或间接地被用于生物信息学各种各样的研究中. 与生物信息学关系密切的数学领域有[25,51—56]:统计学,包括多元统计学,是生物信息学的数学基础之一;概率论与随机过程理论,如近年来兴起的隐马氏模型在生物信息学中有着重要的应用[51];运筹学,如动态规划算法(Dynamic Programming Algorithm)是序列联配的基本工具,最优化理论与算法,在蛋白质空间结构预测和分子对接研究中有重要应用[25];几何学方法,我国学者张春霆等开展了 DNA 序列三维空间曲线表示形式,即 DNA 序列几何表示形式的研究[52,53];拓扑学方法,蛋白质是蜷缩、缠绕在一起的,并不是展开的,用拓扑学方法特别有效,同时在 DNA 超螺旋研究中是重要的工具;计算数学,如常微分方程数值解法是分子动力学的基本工具以及微分方程和动力系统在模拟基因或蛋白质之间的相互作用方面有重要应用,华盛顿大学的 George von Dassow 和他的同事们使用一个由 100 多个微分方程构成的模型,模仿一个帮助控制胚胎发育过程的体节极性网络的果蝇基因群的行为[56];符号动力学,纯粹从数学角度看,基因无非是一些符号组成的序列,对符号动力学的研究将成为解读遗传天书的有力工具[53];群论,在研究遗传密码和 DNA 序列的对称性方面有重要应用;信息论,在分子进化、蛋白质结构预测、序列联配中有重要应用,其中人工神经网络方法用途极为广泛;组合数学,在分子进化和基因组序列研究中十分有用;等等.

数学的介入把生物学的研究从定性的、描述的水平提高到定量的、精确的、探索规律的高水平. 同时生物信息学的发展,为数学的发展提供了一个新的机遇,从而有可能催生出一些新的数学分支学科.

1.3 研究动因和内容介绍

1.3.1 研究动因

蛋白质、DNA 和 RNA 序列的计算分析在 20 世纪 80 年代末已发生了根本性的变化. 高效实验新技术,特别是测序技术是这一变化的推动力,这些新技术使实验数据急剧增长. 随着基因组测序计划地持续开展,研究重点已逐步从数据的积累转向数据的解释. 用于序列分类、相似性搜索、DNA 序列编码区识别、分子结构与功能预测、进化过程的构建等方面的计算工具已成为研究工作的重要组成部分. 这些工具有助于我们了解生命本质和进化过程,同时对新药和新疗法的发现具有重要意义.

我国学者也看到了生物信息学所带来的契机,专门为生物信息学在我国的发展而组织了香山会议,为已经、正在和即将在世界生物信息学的前沿阵地冲刺的年轻学者们的发展抱负指明了方向,提供了策略. 在中国,生物信息学随着人类基因组研究的展开才刚刚起步,但已显露出蓬勃发展的势头. 许多大学和科研院所已经开始或准备从事这方面的研究工作,例如北京大学的生物信息中心已建立了 EMBL 的镜像数据库(http://www.ipc.pku.edu.cn/mirror/mirror.html),并已能提供部分检索服务;中国科学院上海生命科学院建设了一个大型生物信息服务器(http://www.biosino.org.cn);我国第一家批量生产基因芯片,并拥有近 2 千条基因药物发明专利的联合基因集团有限公司;等等.

人类基因组的测序工作在世纪之交得以完成意义重大,这部由 30 亿个字符组成的人类遗传密码已摆在了我们的面前. 与此同时,来自其他生物的基因组信息也源源不断地从自动测序仪器中涌出. 生物信息资源是关系到国民经济和社会可持续发展的重要战略资源,现代生物信息技术则是生物信息资源能否充分利用的关键. 随着人类基因组计划的实施,生物信息急剧增长. 当前,生命科学的深入研究已离不开蓄积的海量生物信息资源和用于生物信息分析的有效的计算机软件工具. 特别是我国参与人类基因组计划后,我国的测序能力大大提高,高密度 DNA 芯片生产和蛋白质组学研究等也已启动,国内生物信息产出量出现了前所未有的急剧膨胀. 但是,由于我国生物信息学研究起步较晚,相对落后的生物信息分析技术制约了我国生命科学的研究. 研究生物信息分析的新方法、新算法,开发具有自主知识产权的应用软件,特别是研制适用于大规模、高通量功能基因组信息分析的综合性软件包已势在必行. 研制和开发相应的软件系统,将使我们获得一个挖掘生物信息的有力工具,从而推进我国的生命科学研究.

1.3.2 内容介绍

随着生命科学研究的不断发展,公共数据库的容量越来越大,生物信息学可以提供方便快捷的手段,帮助生物学家从浩瀚的生物数据库中迅速获取需要的信息,并利用这些信息进行进一步的分析和研究. 生物信息学必将推动生物学进入一个全新的境界,成为生命科学研究的前沿. 在第一章我们扼要地介绍了本课题研究需要用到的生物学背景知识和生物信息学的主要内涵.

依据分子生物学的知识,各种数学工具已被广泛地应用于生物信息学中,其中隐马氏模型就是一种日益受到重视的智能化方法. 近 10 多年来,隐马氏模型在生物信息学中已取得了令人瞩目的成果. 在第二章我们首先从马尔可夫模型着手,通过分析有关的实例开始,引入隐马氏模型的定义,并介绍隐马氏模型的参数;接着,给出隐马氏模型的基本算法,即介绍将隐马氏模型应用到实际问题中经常会面临的三个关键问题的解决方案:向前算法/向后算法、Viterbi 动态规划算法和 Baum-Welch 重估计(EM)算法;然后,从剖面隐马氏模型、基因发现器隐马氏模型和跨膜蛋白结构预测隐马氏模型等几个方面来介绍隐马氏模型的结构及其在生物信息学中的应用;最后,我们概述了现有的一些隐马氏模型软件以及基于隐马氏模型的数据库和模型库.

　　剖面隐马氏模型是隐马氏模型在生物信息学中应用最为广泛的类型之一. 我们的研究也主要集中于这种类型的隐马氏模型. 关于剖面隐马氏模型的训练算法,虽然仍可用 Baum-Welch 重估计(EM)算法训练,但由于 Baum-Welch 重估计(EM)算法是一种基于最陡梯度下降的局部优化算法,因此往往只能求得参数的局部最优值. 尽管剖面隐马氏模型参数估计的 Baum-Welch 重估计(EM)算法的给出,使得剖面隐马氏模型的参数估计问题在一定程度上得到了比较圆满的解决,但是在剖面隐马氏模型的各种应用中依然存在着许多问题:如解的质量取决于剖面隐马氏模型初始参数值的选取;模型的复杂度和过拟合问题依赖于剖面隐马氏模型主状态数的选取;等等. 在第三章我们首先介绍了剖面隐马氏模型作为多序列联配的统计框架;接着,在剖面隐马氏模型的基础上讨论了 Baum-Welch 重估计(EM)算法的改进;最后,对剖面隐马氏模型的拓扑结构的调整问题作了进一步的比较分析.

　　为了克服剖面隐马氏模型训练算法的不足,我们提出了自适应剖面隐马氏模型——一个两阶段(参数和构形)交替优化模型. 虽然国外已存在各种基于隐马氏模型的程序,而在国内到目前为止就我们所知,还没有一套自行研制的可供实用的基于隐马氏模型的程序,因此我们开发了一套基于剖面隐马氏模型解决生物信息学中各种主要问题的软件系统. 在第四章我们首先介绍了自适应剖面隐马氏模型;接着,我们给出了自适应剖面隐马氏模型的算法框图、并行实现过程以及使用指南;最后,我们将自适应剖面隐马氏模型应用于多重序列联配问题,并与国外现存软件计算的结果进行了比较.

本文的总结和展望部分,对所做的工作作了概括,并指出了存在的问题,为进一步的研究工作指出了方向.

本博士论文的研究部分得到了国家科技部 863"功能基因组的信息分析"项目、国家自然科学基金"密度演化理论与方法"项目和上海市科技发展基金"功能基因组信息综合处理子系统的研制"项目的经费资助,在此表示感谢.

第二章 生物信息学中的
隐马氏模型

依据分子生物学的知识,各种数学工具已被广泛地应用于生物信息学中,其中隐马氏模型(Hidden Markov Models,简记为 HMMs)就是一种日益受到重视的智能化方法. 近 10 多年来,隐马氏模型在生物信息学中已取得了令人瞩目的成果. 本章首先从马尔可夫模型着手,通过分析有关实例开始,引入隐马氏模型的定义,并介绍隐马氏模型的参数;接着,给出隐马氏模型的基本算法,即介绍将隐马氏模型应用到实际问题中经常会面临的三个关键问题的解决方案:解得分问题的向前算法/向后算法、解联配问题的 Viterbi 动态规划算法和解训练问题的 Baum-Welch 重估计(EM)算法;然后,从剖面隐马氏模型、基因发现器隐马氏模型和跨膜蛋白结构预测隐马氏模型等几个方面来介绍隐马氏模型的结构及其在生物信息学中的应用;最后,我们概述了现有的一些隐马氏模型软件以及基于隐马氏模型的数据库和模型库.

2.1 隐马氏模型的引入

2.1.1 马尔可夫模型

在介绍隐马氏模型之前,我们先看一看马尔可夫模型(Markov Model)[57—60]. 这里,我们只考虑状态空间和时间参数都是离散的情形,我们称这样的马尔可夫模型为离散马尔可夫链模型. 考虑一个有限字母表 $S = \{\theta_1, \theta_2, \cdots, \theta_N\}$,通常我们称字母表 S 中的符号 $\theta_n (1 \leqslant n \leqslant N)$ 为状态,称 S 为状态空间. 离散马尔可夫链模型就是取值于状态空间 S 的随机序列. 从数学上讲,可以给出如下定义:

假设随机序列 $\{X_n\}_{n=1}^{\infty}$ 在任一时刻 n 可以处于 N 个不同状态 θ_1,

θ_2，…，θ_N 中的某个状态. 若它在时刻 $n+k$ 所处的状态为 q_{n+k} 的概率，只与它在时刻 n 的状态 q_n 有关，而与时刻 n 以前所处状态无关，即有：

$$P(X_{n+k} = q_{n+k} \mid X_n = q_n, X_{n-1} = q_{n-1}, \cdots, X_1 = q_1)$$
$$= P(X_{n+k} = q_{n+k} \mid X_n = q_n) \qquad (2.1)$$

其中 n，k 为正整数，q_1，q_2，…，q_n，$q_{n+k} \in \{\theta_1, \theta_2, \cdots, \theta_N\}$，则称 $\{X_n\}_{n=1}^{\infty}$ 为取值于状态空间 $S = \{\theta_1, \theta_2, \cdots, \theta_N\}$ 上的马尔可夫链，并且称

$$P_{ij}(n, n+k) = P(q_{n+k} = \theta_j \mid q_n = \theta_i), 1 \leqslant i, j \leqslant N \qquad (2.2)$$

为 k-步转移概率. 当 $P_{ij}(n, n+k)$ 与 n 无关时，称这个马尔可夫链为齐次马尔可夫链，此时

$$P_{ij}(n, n+k) = P_{ij}(k) \qquad (2.3)$$

以后若无特别申明，马尔可夫链就是指齐次马尔可夫链. 当 $k=1$ 时，$P_{ij}(1)$ 称为 1-步转移概率，简称为转移概率，记为 a_{ij}. 所有转移概率 $a_{ij}(1 \leqslant i, j \leqslant N)$ 可以构成一个转移概率矩阵 A，即

$$A = \begin{bmatrix} a_{11} & \cdots & a_{1N} \\ \vdots & \vdots & \vdots \\ a_{N1} & \cdots & a_{NN} \end{bmatrix} \qquad (2.4)$$

且有 $0 \leqslant a_{ij} \leqslant 1$，$\sum_{j=1}^{N} a_{ij} = 1$.

由于 k-步转移概率 $P_{ij}(k)$ 可以由转移概率 a_{ij} 得到，因此转移概率矩阵 A 是描述马尔可夫链的最重要参数. 但 A 矩阵还决定不了初始分布，即由转移概率矩阵 A 求不出 $q_1 = \theta_i(1 \leqslant i \leqslant N)$ 的概率 $P(q_1 = \theta_i)$ 的值. 这样，若要完全描述马尔可夫链，除转移概率矩阵 A 之外，还必须引进初始概率向量 $\pi = (\pi_1, \pi_2, \cdots, \pi_N)$，其中

$$\pi_i = P(q_1 = \theta_i), 1 \leqslant i \leqslant N \qquad (2.5)$$

显然有 $0 \leqslant \pi_i \leqslant 1$, $\sum_{i=1}^{N} \pi_i = 1$.

对于离散马尔可夫链中的状态 i，若 $a_{ii} = 1$，则称状态 i 为吸收状态. 具有转移概率矩阵 A 的吸收马尔可夫链至少有一个吸收状态，并且每一个非吸收状态总可能进入至少一个吸收状态（通过一步或多步状态转移）.

马尔可夫链模型在生物信息学中可用于建立核苷酸序列和蛋白质序列的模型. 通常，我们需要在核苷酸序列或蛋白质序列中寻找并分析某些特征模式，一般可以使用马尔可夫链模型建立这些特征模式的模型. 对包含于序列中的大量复杂数据，使用马尔可夫链模型建立数据模型是十分有用的方法.

2.1.2 CpG 岛建模

下面我们首先使用马尔可夫链建立在 DNA 序列中寻找 CpG 岛模型的例子.

例 2.1 CpG 岛建模[51]

CpG 岛（CpG Islands）[61] 是用来描述哺乳动物基因组 DNA 中的一部分序列，其特点是胞嘧啶（C）与鸟嘌呤（G）的总和超过四种碱基总和的 50%，具有这种特点的序列仅占基因组 DNA 总量的 10% 左右. 从已知的 DNA 序列统计发现，几乎所有的管家基因（House-Keeping Gene）及约占 40% 的组织特异性基因（Tissue-Specific Gene）的 5′ 末端都含有 CpG 岛，其序列可能包括基因转录的启动子及第一个外显子. 在大规模 DNA 测序计划中，每发现一个 CpG 岛，则预示着在此可能存在基因. 因此对 DNA 序列的 CpG 岛的研究具有重要的意义. 下面我们看一下如何使用马尔可夫链建立 DNA 序列的 CpG 岛模型. 对于 DNA 序列的建模，我们关心的是取值于状态空间 $S = \{A, C, G, T\}$ 上的马尔可夫链模型.

假定有一组人类 DNA 序列，其中 48 条含 CpG 岛，我们建立两个马尔可夫链模型，其中一个对应于 CpG 岛区域的模型（我们用符号"＋"

表示此模型),另一个对应于剩余序列的模型(即非 CpG 岛区域模型,我们用符号"—"表示此模型). 马尔可夫链模型的初始概率分别取为 4 种碱基在各自序列组中出现的频率,即

$$\pi_s^+ = \frac{c_s^+}{\sum_t c_t^+}, \ \pi_s^- = \frac{c_s^-}{\sum_t c_t^-},$$

或者取为均匀分布,即 $\pi_s^+ = \pi_s^- = 0.25$,状态转移概率分别定义为:

$$a_{st}^+ = \frac{c_{st}^+}{\sum_{t'} c_{st'}^+}, \ a_{st}^- = \frac{c_{st}^-}{\sum_{t'} c_{st'}^-},$$

其中 $s, t, t' \in S = \{A, C, G, T\}$;$c_s^+$ 表示在 CpG 岛区域序列组中,碱基 s 出现的次数;c_s^- 表示在非 CpG 岛区域序列组中碱基 s 出现的次数;c_{st}^+ 表示在 CpG 岛区域序列组中碱基 s 后跟随碱基 t 的次数;c_{st}^- 表示在非 CpG 岛区域序列组中,碱基 s 后跟随碱基 t 的次数. 那么在状态空间 $S = \{A, C, G, T\}$ 上我们获得的两个马尔可夫链模型可以分别表示为(见表 2-1):

表 2-1　CpG 岛区域(左)与非 CpG 岛区域(右)的转移概率

+	A	C	G	T	—	A	C	G	T
A	0.180	0.274	0.426	0.120	A	0.300	0.205	0.285	0.210
C	0.171	0.368	0.274	0.188	C	0.322	0.298	0.078	0.302
G	0.161	0.339	0.375	0.125	G	0.248	0.246	0.298	0.208
T	0.079	0.355	0.384	0.182	T	0.177	0.239	0.292	0.292

其中第二行表示 4 种碱基 A、C、G、T 跟随碱基 A 的出现频率,所以每行之和为 1,其余行具有相似的含义. 假定有一条 DNA 序列 $x = x_1 x_2 \cdots x_L$,根据这两个马尔可夫链模型,通过计算序列 x 的对数差异比(Log-Odds Ratio),即求

$$\log \frac{P(x \mid "+")}{P(x \mid "-")} = \log \frac{\pi_{x_1}^+ \sum\limits_{i=1}^{L} a_{x_{i-1}x_i}^+}{\pi_{x_1}^- \sum\limits_{i=1}^{L} a_{x_{i-1}x_i}^-} = \log \frac{\pi_{x_1}^+}{\pi_{x_1}^-} + \sum\limits_{i=1}^{L} \log \frac{a_{x_{i-1}x_i}^+}{a_{x_{i-1}x_i}^-}$$

$$(2.6)$$

的值，可以判断该条序列是否含有 CpG 岛，即对数差异比值越高，序列 x 越可能含有 CpG 岛.

我们知道马尔可夫链模型要求每一个状态对应于一个可观察到的（物理）事件. 而许多实际问题比马尔可夫链模型所描述的更为复杂，可观察到的事件并不是与状态一一对应的. 在生物序列分析中变化的状态往往是不可观察的，例如例 2.1，若对于一条假定含有几个 CpG 岛区域的长 DNA 序列进行研究，这时我们需要将两个马尔可夫链模型合并，这样对合并后的模型，每个核苷酸符号就可能与两个马尔可夫链的状态相对应，故难以直接利用马尔可夫链模型研究该问题. 将马尔可夫链模型的概念作适当扩展，使得马尔可夫链模型的可观察序列是状态的函数，也就是结果模型由两条随机变量序列组成，其中一条是不可观察的（即隐藏的）变化状态序列，另一条是由该不可观察状态序列所产生的可观察符号序列. 这样的模型就是我们下面要介绍的隐马氏模型.

2.1.3 隐马氏模型的定义

隐马氏模型是最近几十年发展起来的统计模型，已在语音识别（Speech Recognition）、离子通道记录、最佳特征识别等方面被广泛应用[62—66]. 隐马氏模型也被较早地应用于生物信息学中的一些问题，如 DNA 编码区、蛋白质超家族（Supperfamily）的建模等[67,68]. 而有关它的理论基础，却是在 1970 年前后由 L. E. Baum 等人建立起来的[69—71]，随后由 CMU（卡内基梅隆大学）的 Jim Baker[72] 和 IBM 的 Frederick Jelinek[73] 等人将其应用到语音识别之中. 20 世纪 80 年代末 Bell 实验室的 Lawrence R. Rabiner[63] 给出了隐马氏模型的一个深入浅出的清晰介绍. 一个隐马氏模型可以由下列参数描述：

(1) N：模型中马尔可夫链的状态数目. 记 N 个状态为 θ_1，θ_2，…，θ_N，那么状态空间表示为 $S = \{\theta_1, \theta_2, \cdots, \theta_N\}$. 一般，我们将状态空间简记为 $S = \{1, 2, \cdots, N\}$. 记 t 时刻马尔可夫链所处状态为 q_t，其中 $q_t \in S$.

(2) M：每个状态对应的可能的观察值数目. 记 M 个观察值为 v_1，v_2，…，v_M，那么离散符号集（或称字母表）表示为 $V = \{v_1, v_2, \cdots, v_M\}$. 记 t 时刻观察到的符号为 o_t，其中 $o_t \in V$.

(3) π：初始状态概率向量，$\pi = (\pi_1, \pi_2, \cdots, \pi_N)$，其元素 π_i 是指 $t = 1$ 时（即初始时刻），处于状态 i 的概率，即

$$\pi_i = P(q_1 = i), 1 \leqslant i \leqslant N \tag{2.7}$$

(4) A：状态转移概率矩阵，$A = (a_{ij})_{N \times N}$，其元素 a_{ij} 是指 t 时刻状态为 i 时，$t+1$ 时刻状态为 j 的概率，即

$$a_{ij} = P(q_{t+1} = j \mid q_t = i), 1 \leqslant i, j \leqslant N \tag{2.8}$$

(5) B：符号发出概率矩阵，$B = (b_j(k))_{N \times M}$，其元素 $b_j(k)$ 是指 t 时刻状态为 j 时，输出观测符号 v_k 的概率，即

$$b_j(k) = P(o_t = v_k \mid q_t = j), 1 \leqslant j \leqslant N, 1 \leqslant k \leqslant M \tag{2.9}$$

这样，可以记一个隐马氏模型为

$$\lambda = (N, M, \pi, A, B)$$

或简写为

$$\lambda = (\pi, A, B) \tag{2.10}$$

更形象地说，隐马氏模型可分为两部分：一个是马尔可夫链，这是基本的随机过程，由初始状态概率向量 π 和状态转移概率矩阵 A 描述，产生的输出为状态序列；另一个是可观察随机过程，表示状态和观察值之间的统计对应关系，由符号发出概率矩阵 B 描述，产生的输出为观察值序列.

给定模型参数 $\lambda = (\pi, A, B)$，隐马氏模型可以作为一个符号发生

器,由它输出观察符号序列 $O = o_1 o_2 \cdots o_T$ 的运作过程如下:

(1) 令 $t = 1$;

(2) 根据初始状态概率向量 $\boldsymbol{\pi}$,随机地选取一个初始状态 $q_t \in S$. 按照状态 q_t 的符号发出概率分布 $b_{q_t}(k)$,随机地产生一个观察符号 $o_t \in V$;

(3) 按照状态 q_t 的状态转移概率分布 $a_{q,j}$,随机地转移到一个新的状态 $q_{t+1} \in S$;

(4) 令 $t = t + 1$;

(5) 按照状态 q_t 的符号发出概率分布 $b_{q_t}(k)$,随机地产生一个观察符号 $o_t \in V$;

(6) 若 $t < T$,则回到步骤(3),否则过程结束.

这样,产生一条可观察符号序列 $O = o_1 o_2 \cdots o_T$ 以及一条不可观察状态序列 $Q = q_1 q_2 \cdots q_T$. 为什么这样的模型被称作隐马氏模型? 因为下一个占用的状态选择依赖于当前状态的身份,状态序列形成马尔可夫链,但是这条状态序列是不可观察的,即它是被隐藏的. 而只有由这些隐藏着的状态所产生的观察符号序列才能被观察.

如果要在一条长的未注释的 DNA 序列中寻找 CpG 岛,那么使用例 2.1 中的两个马尔可夫链模型并不能很好地解决问题. 若在这两个马尔可夫链之间引入与自身转移相比较小的转移概率,描述两类区域的交替,这样就构成了一个新的马尔可夫链模型,如图 2-1 所示(图中省略了原马尔可夫链的自身转移). 这时,DNA 序列中的碱基 A、C、G、T 既可以对应于 CpG 岛区域的状态 A_+、C_+、G_+、T_+,也可以对应于非 CpG 岛区域的状态 A_-、C_-、G_-、T_-. 因此,这个新的马尔可夫链模型的状态是不可观察的,而只有状态发出的符号,即 DNA 序列中的碱基是可观察的,根据定义它是隐马氏模型,其状态空间为 $S = \{A_+, C_+, G_+, T_+, A_-, C_-, G_-, T_-\}$,发出符号集为 $V = \{A, C, G, T\}$. 每个状态发出相应碱基的概率是 1.0,发出其他碱基的概率是 0.0. 例如,在状态 A_+ 发出 4 个碱基 A、C、G、T 的概率分别是 1.0、0.0、0.0、0.0. 如果停留在 CpG 岛的概率是 p,停留在非 CpG 岛的概率是 q,那么状态转移概率可如表 2-2 所示(根据表 2-1 得到状态转移概率).

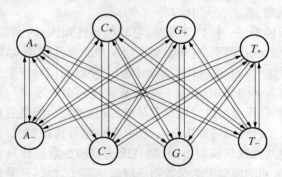

图 2-1　DNA 序列的 CpG 岛隐马氏模型

表 2-2　CpG 岛隐马氏模型的状态转移概率

$a_{q_iq_{i+1}}$	A_+	C_+	G_+	T_+	A_-	C_-	G_-	T_-
A_+	$0.180p$	$0.274p$	$0.426p$	$0.120p$	$\dfrac{1-p}{4}$	$\dfrac{1-p}{4}$	$\dfrac{1-p}{4}$	$\dfrac{1-p}{4}$
C_+	$0.171p$	$0.368p$	$0.274p$	$0.188p$	$\dfrac{1-p}{4}$	$\dfrac{1-p}{4}$	$\dfrac{1-p}{4}$	$\dfrac{1-p}{4}$
G_+	$0.161p$	$0.339p$	$0.375p$	$0.125p$	$\dfrac{1-p}{4}$	$\dfrac{1-p}{4}$	$\dfrac{1-p}{4}$	$\dfrac{1-p}{4}$
T_+	$0.079p$	$0.355p$	$0.384p$	$0.182p$	$\dfrac{1-p}{4}$	$\dfrac{1-p}{4}$	$\dfrac{1-p}{4}$	$\dfrac{1-p}{4}$
A_-	$\dfrac{1-q}{4}$	$\dfrac{1-q}{4}$	$\dfrac{1-q}{4}$	$\dfrac{1-q}{4}$	$0.300q$	$0.205q$	$0.285q$	$0.210q$
C_-	$\dfrac{1-q}{4}$	$\dfrac{1-q}{4}$	$\dfrac{1-q}{4}$	$\dfrac{1-q}{4}$	$0.322q$	$0.298q$	$0.078q$	$0.302q$
G_-	$\dfrac{1-q}{4}$	$\dfrac{1-q}{4}$	$\dfrac{1-q}{4}$	$\dfrac{1-q}{4}$	$0.248q$	$0.246q$	$0.298q$	$0.208q$
T_-	$\dfrac{1-q}{4}$	$\dfrac{1-q}{4}$	$\dfrac{1-q}{4}$	$\dfrac{1-q}{4}$	$0.177q$	$0.239q$	$0.292q$	$0.292q$

　　隐马氏模型是在马尔可夫链模型的基础上发展起来的. 马尔可夫链模型与隐马氏模型的本质区别是隐马氏模型观察到的符号并不是与状态一一对应,而是通过一组概率分布相联系. 这样,站在观察

者的角度,只能看到发出符号,不能直接看到状态. 因此,不像马尔可夫链模型观察到的符号和状态一一对应.

隐马氏模型是一种数学模型,它的包容性很大,内涵很广,是一种不完全数据的统计模型. 这种模型在应用中的弹性相当大,因而有很宽的适应性. 另一方面,这种模型能使我们方便地利用对于研究对象的结构与性质等方面的知识. 它是一个既从物理模型出发又与数据直接拟合的算法. 隐马氏模型虽然也具有某些黑箱的特点,但是它比之于纯黑箱操作的人工神经网络算法有明显的优点. 隐马氏模型又与线性模型、时间序列等其他数学模型不同,隐马氏模型的参数往往具有真实的含义,而其他所列的模型中的参数则一般缺少真实含义,只是作为被拟合了的参数而出现的. 隐马氏模型之所以被广泛采用,在于这种模型既反映了对象的随机性,又可以反映对象的潜在结构,便于利用我们对于研究对象的直观先验了解,并且隐马氏模型有快速且有效的学习算法.

2. 2　隐马氏模型的三个关键问题及其求解

我们已经知道了隐马氏模型的形式,为了将其应用于实际,必须解决三个关键问题,它们分别是:

问题 1(得分问题)　给定隐马氏模型和一条可观察的符号序列,我们欲知道给定隐马氏模型产生该条可观察符号序列的概率.

问题 2(联配问题)　给定隐马氏模型和一条可观察的符号序列,我们欲知道给定隐马氏模型用来产生该条可观察符号序列的最可能的(或最佳的)状态序列.

问题 3(训练问题)　给定一条可观察的符号序列数据,我们欲找到最能说明该条序列数据的隐马氏模型的构形和参数.

这三个问题可以分别用向前算法或向后算法、Viterbi 动态规划算法和 Baum-Welch 重估计(EM)算法来求解.

为了使隐马氏模型在数学上和计算上易于处理,需要对模型在理论上作如下的假设:

假设 2.1   对于可观察符号序列 $o_1 o_2 \cdots o_t$ 和状态序列 $q_1 q_2 \cdots q_t$，有

$$P(o_t \mid q_1 q_2 \cdots q_t, \ o_1 o_2 \cdots o_{t-1}) = P(o_t \mid q_t) \qquad (2.11)$$

上式说明在隐马氏模型中，时刻 t 输出的符号仅与此刻的状态有关，而与此前输出的符号和状态无关.

假设 2.2   对于可观察符号序列 $o_1 o_2 \cdots o_t$ 和状态序列 $q_1 q_2 \cdots q_{t+1}$，有

$$P(q_{t+1} \mid q_1 q_2 \cdots q_t, \ o_1 o_2 \cdots o_t) = P(q_{t+1} \mid q_t) \qquad (2.12)$$

上式说明在隐马氏模型中，时刻 $t+1$ 的状态取值仅与时刻 t 的状态取值有关，而于此前输出的符号和状态无关.

2.2.1   解得分问题的向前和向后算法

得分(Scoring)问题可归结为给定可观察符号序列 $O = o_1 o_2 \cdots o_T$ 和隐马氏模型 $\lambda = (\boldsymbol{\pi}, \boldsymbol{A}, \boldsymbol{B})$，如何有效地计算由隐马氏模型 λ 产生可观察符号序列 O 的概率值(常称为得分) $P(O \mid \lambda)$？也可以把这个问题看成是一个评分(Evaluating)问题，即已知一个隐马氏模型和一条可观察符号序列，怎样来评估这个模型(即模型与给定可观察符号序列匹配得如何)？例如，假设有几个可供选择的隐马氏模型，得分问题的求解使我们能够选择出与给定可观察符号序列最匹配的隐马氏模型.

计算得分概率 $P(O \mid \lambda)$ 值的最直接方法如下：对一条固定的状态序列 $Q = q_1 q_2 \cdots q_T$，根据隐马氏模型假设，我们有

$$\begin{aligned} P(O \mid Q, \lambda) &= \prod_{t=1}^{T} P(o_t \mid q_t, \lambda) \\ &= b_{q_1}(o_1) b_{q_2}(o_2) \cdots b_{q_T}(o_T) \qquad (2.13) \end{aligned}$$

而对于给定的模型 λ，产生状态序列 Q 的概率为

$$P(Q \mid \lambda) = \pi_{q_1} a_{q_1 q_2} \cdots a_{q_{T-1} q_T} \qquad (2.14)$$

因此，由概率论的全概率公式所求概率为

$$P(O \mid \lambda) = \sum_{Q \in \Omega} P(O \mid Q, \lambda) P(Q \mid \lambda)$$
$$= \sum_{q_1 q_2 \cdots q_T} \pi_{q_1} b_{q_1}(o_1) a_{q_1 q_2} b_{q_2}(o_2) \cdots a_{q_{T-1} q_T} b_{q_T}(o_T) \quad (2.15)$$

其中 Ω 是长度为 T 的所有可能的状态路径集合.

概率 $P(Q \mid \lambda)$ 的值由马尔可夫链参数很容易求得. 从 (2.15) 式可见, 虽然单项概率不难计算, 但 Ω 中一共存在 N^T 条不同的可能的状态序列 Q, 使得计算量激增. 因此, (2.15) 式的计算量是十分惊人的, 大约为 $2TN^T$ 次的数量级. 当 $N=5$, $T=100$ 时, 计算量达 10^{72}, 这对于超级计算机都是难以实现的计算.

造成这种计算上"维数灾"的原因, 从 (2.13) 式的单项概率计算公式

$$P(O, Q \mid \lambda) = \pi_{q_1} b_{q_1}(o_1) a_{q_1 q_2} b_{q_2}(o_2) \cdots a_{q_{T-1} q_T} b_{q_T}(o_T) \quad (2.16)$$

中不难找到答案. 在 (2.14) 式中只要路径的一个状态发生变化, 例如 q_T, 就需要重新计算 $2T-1$ 次乘法, 而前面 $2T-3$ 次乘法则是重复计算. 为了节省这种不必要的重复计算, 人们[63]设计了向前算法 (Forward Algorithm) 和向后算法 (Backward Algorithm) 来求解得分问题.

向前算法

向前算法过程的直观图 (见文献[51], 我们略有改变) 见图 2-2.

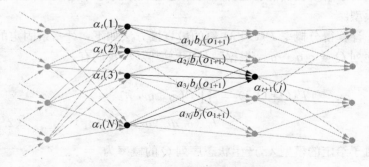

图 2-2　向前算法过程的直观图

由图 2-2 不难看出, 这样设计的向前算法, 路径每改变一个状

态,只需要多做 2 次乘法,于是可以大大节省计算工作量.

定义向前变量 $\alpha_t(i)$ 为

$$\alpha_t(i) = P(o_1 o_2 \cdots o_t, q_t = i \mid \lambda), \quad 1 \leqslant t \leqslant T \tag{2.17}$$

$\alpha_t(i)$ 是给定模型 λ,在时刻 t 状态为 i 时观察到的部分序列 $o_1 o_2 \cdots o_t$ 的概率.

向前算法的具体实现步骤如下:

1. 初始化

$$\alpha_1(i) = \pi_i b_i(o_1), \quad 1 \leqslant i \leqslant N \tag{2.18}$$

2. 递归计算

$$\alpha_{t+1}(j) = \Big[\sum_{i=1}^{N} \alpha_t(i) a_{ij} \Big] b_j(o_{t+1}), \quad 1 \leqslant t \leqslant T-1,$$
$$1 \leqslant j \leqslant N \tag{2.19}$$

3. 最终结果

$$P(O \mid \lambda) = \sum_{i=1}^{N} \alpha_T(i) \tag{2.20}$$

根据向前变量的定义,利用隐马氏模型假设,有

$$\alpha_1(i) = P(o_1, q_1 = i \mid \lambda) = P(q_1 = i \mid \lambda) \cdot$$
$$P(o_1 \mid q_1 = i, \lambda) = \pi_i b_i(o_1)$$

初始化的结果成立.递归计算公式的证明如下:

$$\alpha_{t+1}(j) = P(o_1 o_2 \cdots o_{t+1}, q_{t+1} = j \mid \lambda)$$
$$= \sum_{i=1}^{N} P(o_1 o_2 \cdots o_{t+1}, q_t = i, q_{t+1} = j \mid \lambda)$$
$$= \sum_{i=1}^{N} P(o_{t+1} \mid o_1 o_2 \cdots, o_t, q_t = i, q_{t+1} = j, \lambda) \cdot$$
$$P(o_1 o_2 \cdots, o_t, q_t = i, q_{t+1} = j \mid \lambda)$$
$$= \sum_{i=1}^{N} P(o_{t+1} \mid q_{t+1} = j, \lambda) P(o_1 o_2 \cdots, o_t, q_t = i, q_{t+1} = j \mid \lambda)$$

$$= \sum_{i=1}^{N} b_j(o_{t+1}) P(q_{t+1} = j \mid o_1 o_2 \cdots, o_t, q_t = i, \lambda) \cdot$$
$$P(o_1 o_2 \cdots, o_t, q_t = i \mid \lambda)$$
$$= \sum_{i=1}^{N} b_j(o_{t+1}) P(q_{t+1} = j \mid o_1 o_2 \cdots, o_t, q_t = i, \lambda) \alpha_t(i)$$
$$= \Big[\sum_{i=1}^{N} \alpha_t(i) a_{ij} \Big] b_j(o_{t+1}),$$

最终得分概率 $P(O \mid \lambda)$ 的结果是因为

$$P(O \mid \lambda) = \sum_{i=1}^{N} P(o_1 o_2 \cdots o_T, q_T = i \mid \lambda) = \sum_{i=1}^{N} \alpha_T(i).$$

现在讨论一下向前算法所需要的计算量. 第 1 步初始化过程包含 N 次乘法,第 2 步递归计算过程包含 $(N+1)N(T-1)$ 次乘法,第 3 步不包含乘法计算,可忽略不记,因此向前算法所需总的乘法次数是 $N+N(N+1)(T-1)$,即需要数量级为 $N^2 T$ 次的乘法. 那么,当 $N=5$, $T=100$ 时,只需大约 3 000 次的乘法计算. 向前算法的计算量比直接计算的计算量大为减少.

向后算法

向后算法过程的直观图见图 2-3.

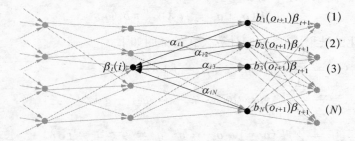

图 2-3　向后算法过程的直观图

由图 2-3 不难看出,这样设计的向后算法,路径每改变一个状态,也只需要多做 2 次乘法,于是同样可以大大节省计算工作量.

与向前算法类似，定义向后变量 $\beta_t(i)$ 为

$$\beta_t(i) = P(o_{t+1}o_{t+2}\cdots o_T \mid q_t = i, \lambda), 1 \leqslant t \leqslant T-1 \quad (2.21)$$

$\beta_t(i)$ 是给定模型 λ，在 t 时刻状态为 i 时观察到的部分序列 $o_{t+1}o_{t+2}\cdots o_T$ 的概率.

向后算法的具体实现步骤如下：

1. 初始化

$$\beta_T(i) = 1, 1 \leqslant i \leqslant N \quad (2.22)$$

2. 递归计算

$$\beta_t(i) = \sum_{j=1}^{N} a_{ij}b_j(o_{t+1})\beta_{t+1}(j),$$
$$t = T-1, T-2, \cdots, 1, 1 \leqslant i \leqslant N \quad (2.23)$$

3. 最终结果

$$P(O \mid \lambda) = \sum_{i=1}^{N} \pi_i b_i(o_1)\beta_1(i) \quad (2.24)$$

使用 $\beta_t(i)$ 计算概率 $P(O \mid \lambda)$ 的值，同样大约需要数量级为 $N^2 T$ 次的乘法，因此对于解得分问题，向前算法和向后算法同样有效.

递归计算公式的证明如下：

$$\beta_t(i) = P(o_{t+1}o_{t+2}\cdots o_T \mid q_t = i, \lambda)$$
$$= \sum_{j=1}^{N} P(o_{t+1}, q_{t+1} = j \mid q_t = i, \lambda) \cdot$$
$$P(o_{t+2}\cdots o_T \mid o_{t+1}, q_{t+1} = j, q_t = i, \lambda)$$
$$= \sum_{j=1}^{N} P(o_{t+1}, q_{t+1} = j \mid q_t = i, \lambda)P(o_{t+2}\cdots o_T \mid q_{t+1} = j, \lambda)$$
$$= \sum_{j=1}^{N} P(o_{t+1} \mid q_{t+1} = j, q_t = i, \lambda) \cdot$$
$$P(q_{t+1} = j \mid q_t = i, \lambda)\beta_{t+1}(j)$$

$$= \sum_{j=1}^{N} P(o_{t+1} \mid q_{t+1} = j, \lambda) a_{ij} \beta_{t+1}(j)$$

$$= \sum_{j=1}^{N} a_{ij} b_j(o_{t+1}) \beta_{t+1}(j).$$

又因为

$$\beta_{T-1}(i) = P(o_T \mid q_{T-1} = i, \lambda)$$

$$= \sum_{j=1}^{N} P(o_T, q_T = j \mid q_{T-1} = i, \lambda)$$

$$= \sum_{j=1}^{N} P(o_T \mid q_{T-1} = i, q_T = j, \lambda) \cdot$$

$$P(q_T = j \mid q_{T-1} = i, \lambda)$$

$$= \sum_{j=1}^{N} P(o_T \mid q_T = j, \lambda) a_{ij}$$

$$= \sum_{j=1}^{N} a_{ij} b_j(o_T),$$

所以初始化必须设定 $\beta_T(j) = 1$, $j = 1, 2, \cdots, N$. 最终得分概率 $P(O \mid \lambda)$ 的结果是因为

$$P(O \mid \lambda) = \sum_{i=1}^{N} P(o_1 o_2 \cdots o_T, q_1 = i \mid \lambda)$$

$$= \sum_{i=1}^{N} P(o_1 o_2 \cdots o_T \mid q_1 = i, \lambda) P(q_1 = i \mid \lambda)$$

$$= \sum_{i=1}^{N} P(o_2 \cdots o_T \mid o_1, q_1 = i, \lambda) P(o_1 \mid q_1 = i, \lambda) \pi_i$$

$$= \sum_{i=1}^{N} P(o_2 \cdots o_T \mid q_1 = i, \lambda) b_i(o_1) \pi_i$$

$$= \sum_{i=1}^{N} \pi_i b_i(o_1) \beta_1(i).$$

事实上,我们有利用向前算法和向后算法表示得分概率的一般结果

$$P(O \mid \lambda) = \sum_{i=1}^{N} \alpha_1(i)\beta_1(i) = \sum_{i=1}^{N} \alpha_t(i)\beta_t(i)$$
$$= \sum_{i=1}^{N} \alpha_T(i), \ 1 \leqslant t \leqslant T \tag{2.25}$$

$$P(O \mid \lambda) = \sum_{i=1}^{N}\sum_{j=1}^{N} \alpha_t(i)a_{ij}b_j(o_{t+1})\beta_{t+1}(j),$$
$$1 \leqslant t \leqslant T-1 \tag{2.26}$$

2.2.2 解联配问题的 Viterbi 动态规划算法

联配（Alignment）问题可归结为给定可观察符号序列 $O = o_1o_2\cdots o_T$ 和隐马氏模型 $\lambda = (\boldsymbol{\pi}, \boldsymbol{A}, \boldsymbol{B})$，在最佳的意义上确定一条状态序列 $Q^* = q_1^* q_2^* \cdots q_T^*$ 的问题. 联配问题是力图揭露出模型中隐藏着的部分，即找出"正确的"状态序列.

"最佳"的意义有很多种，由不同的定义可得到不同的结论. 这里讨论的最佳意义上的状态序列 Q^*，是指使概率 $P(Q, O \mid \lambda)$ 最大时确定的状态序列 Q^*. 一般利用 Viterbi 动态规划（Dynamic Programming）算法[80]求解联配问题. 它等价于求解

$$Q^* = \arg\max_{Q \in \Omega} P(Q, O \mid \lambda) \tag{2.27}$$

动态规划算法的思想是如果一条路径终止于最佳路径上的一点，那么这条路径本身就是起点到这个中间点的最佳路径，即任何一个终止于最佳路径上的一点的次级路径必然就是终止于这一点的最佳路径本身. 为了将 Viterbi 动态规划算法的思想应用于最佳状态估计问题，需要对问题做一下简单的公式更改. 考虑概率 $P(O \mid \lambda)$ 的表达式，根据隐马氏模型的假设，有

$$P(O, Q \mid \lambda) = P(O \mid Q, \lambda)P(Q \mid \lambda)$$
$$= \pi_{q_1} b_{q_1}(o_1) a_{q_1 q_2} b_{q_2}(o_2) \cdots a_{q_{T-1} q_T}(o_T).$$

定义 Viterbi 变量 $\delta_t(i)$ 为

$$\delta_t(i) = \max_{q_1 q_2 \cdots q_{t-1}} P(q_1 q_2 \cdots q_t, \, q_t = i, o_1 o_2 \cdots o_t \mid \lambda) \qquad (2.28)$$

$\delta_t(i)$ 是时刻 t 时沿一条路径 $q_1 q_2 \cdots q_t$，且 $q_t = i$，产生出可观察符号序列 $o_1 o_2 \cdots o_t$ 的最大概率. $\delta_t(i)$ 可通过递归法进行计算：

$$\delta_t(i) = \max_{1 \leqslant j \leqslant N} [\delta_{t-1}(j) a_{ji}] b_i(o_t) \qquad (2.29)$$

为了实际找到最佳状态序列，需要跟踪使 (2.29) 式最大的参数变化的轨迹(对每个 t 和 i 值). 可以借助于定义 $\varphi_t(i)$ 来标记 t 时刻的状态 i 最可能由 $t-1$ 时刻的哪个状态转移而来. 那么，寻找最佳状态序列 Q^* 的完整过程可陈述如下：

1. 初始化　$\delta_1(i) = \pi_i b_i(o_1), \, 1 \leqslant i \leqslant N,$
　　　　　　$\varphi_1(i) = 0, \, 1 \leqslant i \leqslant N;$

2. 递归计算

$$\delta_t(i) = \max_{1 \leqslant j \leqslant N} [\delta_{t-1}(j) a_{ji}] b_i(o_t), \, 2 \leqslant t \leqslant T, \, 1 \leqslant i \leqslant N,$$
$$\varphi_t(i) = \arg \max_{1 \leqslant j \leqslant N} [\delta_{t-1}(j) a_{ji}], \, 2 \leqslant t \leqslant T, \, 1 \leqslant j \leqslant N;$$

3. 中断

$$P^* = \max_{1 \leqslant i \leqslant N} [\delta_T(i)],$$
$$q_T^* = \arg \max_{1 \leqslant i \leqslant N} [\delta_T(i)];$$

4. 路径(最佳状态序列)回溯

$$q_t^* = \varphi_{t+1}(q_{t+1}^*), \, t = T-1, \, T-2, \cdots, 1.$$

根据 (2.28) 式的定义，并利用隐马氏模型假设，

$$\delta_1(i) = P(q_1 = i, \, o_1 \mid \lambda) = P(q_1 = i \mid \lambda) \cdot$$
$$P(o_1 \mid q_1 = i, \lambda) = \pi_i b_i(o_1),$$

初始化的结果成立. 递归计算公式的证明如下：

$$\delta_t(i) = \max_{q_1 q_2 \cdots q_{t-1}} P(q_1 q_2 \cdots q_t, \, q_t = i, \, o_1 o_2 \cdots o_t \mid \lambda)$$

$$= \max_{q_1 q_2 \cdots q_{t-1}} \big[P(o_1 o_2 \cdots o_t \mid q_1 q_2 \cdots q_t, q_t = i, \lambda) \cdot$$
$$P(q_1 q_2 \cdots q_t, q_t = i \mid \lambda) \big]$$

$$= \max_{q_1 q_2 \cdots q_{t-1}} \Big[\prod_{l=1}^{t} P(o_l \mid q_l, \lambda) P(q_t = i \mid q_1 q_2 \cdots q_{t-1}, \lambda) \cdot$$
$$P(q_1 q_2 \cdots q_{t-1} \mid \lambda) \Big]$$

$$= \max_{q_1 q_2 \cdots q_{t-1}} \Big[P(o_t \mid q_t = i) \prod_{l=1}^{t-1} P(o_l \mid q_l, \lambda) \cdot$$
$$P(q_t = i \mid q_{t-1}, \lambda) P(q_1 q_2 \cdots q_{t-1} \mid \lambda) \Big]$$

$$= b_i(o_t) \max_{q_1 q_2 \cdots q_{t-1}} \Big[\prod_{l=1}^{t-1} P(o_l \mid q_l, \lambda) \cdot$$
$$P(q_t = i \mid q_{t-1}, \lambda) P(q_1 q_2 \cdots q_{t-1} \mid \lambda) \Big]$$

$$= b_i(o_t) \max_{q_1 q_2 \cdots q_{t-1}} \Big[a_{q_{t-1} i} \prod_{l=1}^{t-1} P(o_l \mid q_l, \lambda) P(q_1 q_2 \cdots q_{t-1} \mid \lambda) \Big]$$

$$= b_i(o_t) \max_{q_1 q_2 \cdots q_{t-1}} \big[a_{q_{t-1} i} P(o_1 o_2 \cdots o_{t-1}, q_1 q_2 \cdots q_{t-1} \mid \lambda) \big]$$

$$= \max_{1 \leqslant j \leqslant N} \big[\max_{q_1 q_2 \cdots q_{t-2}} \big[a_{q_{t-1} i} P(o_1 o_2 \cdots o_{t-1}, q_1 q_2 \cdots q_{t-1},$$
$$q_{t-1} = j \mid \lambda) \big] b_i(o_t)$$
$$= \max_{1 \leqslant j \leqslant N} \big[\delta_{t-1}(j) a_{ji} \big] b_i(o_t).$$

现在讨论一下 Viterbi 动态规划算法所需要的计算量. 从具体的执行过程可以看到 Viterbi 动态规划算法与向前算法/向后算法具有相似的计算量. 除了 Viterbi 动态规划算法是寻找最佳状态序列, 即使得概率 $P(Q, O \mid \lambda)$ 的值最大, 而向前算法/向后算法是关于所有可能的状态序列对概率 $P(Q, O \mid \lambda)$ 的值求和. 因此, Viterbi 动态规划算法大约需要数量级为 $N^2 T$ 次的乘法, 比向前算法/向后算法少 NT 次的加法.

2.2.3 解训练问题的 Baum-Welch 重估计(EM)算法

隐马氏模型的训练(Training)问题可归结为给定可观察符号序

列 $O = o_1 o_2 \cdots o_T$，如何估计隐马氏模型的参数 $\lambda = (\boldsymbol{\pi}, \boldsymbol{A}, \boldsymbol{B})$，使得概率 $P(\lambda \mid O) = P(O \mid \lambda)$ 的值达到最大？训练问题是使模型参数最优化，即调整模型参数，以使模型能最好地描述给定的可观察符号序列. 用于调整模型参数使之最优化的可观察符号序列称为训练序列或样本序列. 训练问题亦被称为估计（Estimation）问题. 估计问题一般可以通过极大似然（Maximum Likelihood，简记为 ML）方法研究，也就是求解

$$\lambda^* = \arg\max_{\lambda \in \Lambda} P(O \mid \lambda) \qquad (2.30)$$

其中 Λ 是隐马氏模型的参数空间. 由于可观察符号序列对应的状态序列是不可观察的，因此可以采用数据添加算法———一种特殊的 EM 算法（Expectation Maximization Algorithm）[75]，称为 Baum-Welch 重估计（EM）算法（Baum-Welch Reestimation（EM）Algorithm）解决，这儿添加的数据是隐状态.

对于给定的训练序列 O 和模型 λ，定义 $\gamma_t(i)$ 为时刻 t 时状态序列处于状态 i 的概率，即有

$$\gamma_t(i) = P(q_t = i \mid O, \lambda) \qquad (2.31)$$

利用隐马氏模型假设和向前算法/向后算法，有

$$
\begin{aligned}
\gamma_t(i) &= \frac{P(q_t = i, O \mid \lambda)}{P(O \mid \lambda)} \\
&= \frac{P(o_{t+1} o_{t+2} \cdots o_T \mid o_1 o_2 \cdots o_t, q_t = i, \lambda) P(o_1 o_2 \cdots o_t, q_t = i \mid \lambda)}{P(O \mid \lambda)} \\
&= \frac{P(o_1 o_2 \cdots o_t, q_t = i \mid \lambda) P(o_{t+1} o_{t+2} \cdots o_T \mid q_t = i, \lambda)}{P(O \mid \lambda)} \\
&= \frac{\alpha_t(i) \beta_t(i)}{P(O \mid \lambda)} \\
&= \frac{\alpha_t(i) \beta_t(i)}{\sum_{j=1}^{N} \alpha_t(j) \beta_t(j)}.
\end{aligned}
$$

对于给定的训练序列 O 和模型 λ，定义 $\xi_t(i, j)$ 为时刻 t 时状态序列处于状态 i 和时刻 $t+1$ 时处于状态 j 的概率，即有

$$\xi_t(i, j) = P(q_t = i, q_{t+1} = j \mid O, \lambda) \qquad (2.32)$$

同样，利用隐马氏模型假设和向前算法/向后算法，有

$$\begin{aligned}
\xi_t(i, j) &= \frac{P(q_t = i, q_{t+1} = j, O \mid \lambda)}{P(O \mid \lambda)} \\
&= \frac{P(q_t = i, o_1 \cdots o_t \mid \lambda) P(o_{t+1} \cdots o_T, q_{t+1} = j \mid q_t = i, o_1 \cdots o_t, \lambda)}{P(O \mid \lambda)} \\
&= \frac{\alpha_t(i) P(o_{t+1}, q_{t+1} = j \mid q_t = i, \lambda) P(o_{t+2} \cdots o_T \mid q_{t+1} = j, \lambda)}{P(O \mid \lambda)} \\
&= \frac{\alpha_t(i) a_{ij} b_j(o_{t+1}) \beta_{t+1}(j)}{P(O \mid \lambda)} \\
&= \frac{\alpha_t(i) a_{ij} b_j(o_{t+1}) \beta_{t+1}(j)}{\displaystyle\sum_{j=1}^{N} \alpha_t(j) \beta_t(j)}.
\end{aligned}$$

根据 $\gamma_t(i)$ 和 $\xi_t(i, j)$ 的定义，$\gamma_t(i)$ 和 $\xi_t(i, j)$ 之间满足关系：

$$\gamma_t(i) = \sum_{j=1}^{N} \xi_t(i, j).$$

因此，$\displaystyle\sum_{t=1}^{T-1} \gamma_t(i)$ 表示从状态 i 转移出去的次数的期望值，而 $\displaystyle\sum_{t=1}^{T-1} \xi_t(i, j)$ 表示从状态 i 转移到状态 j 的次数的期望值．

Baum-Welch 重估计（EM）算法的具体实现步骤如下：

1. 设置初值：给定一个初始模型参数 $\lambda^{(0)} = (\boldsymbol{\pi}^{(0)}, \boldsymbol{A}^{(0)}, \boldsymbol{B}^{(0)})$．

2. 迭代过程：把模型参数 $\lambda^{(n)} = (\boldsymbol{\pi}^{(n)}, \boldsymbol{A}^{(n)}, \boldsymbol{B}^{(n)})$ 修改为 $\lambda^{(n+1)} = (\boldsymbol{\pi}^{(n+1)}, \boldsymbol{A}^{(n+1)}, \boldsymbol{B}^{(n+1)})$，即

$$\pi_i^{(n+1)} = \gamma_1(i), \qquad 1 \leqslant i \leqslant N \qquad (2.33)$$

$$a_{ij}^{(n+1)} = \frac{\displaystyle\sum_{t=1}^{T-1} \xi_t(i, j)}{\displaystyle\sum_{t=1}^{T-1} \gamma_t(i)}, \qquad 1 \leqslant i, j \leqslant N \qquad (2.34)$$

$$b_i^{(n+1)}(k) = \frac{\sum\limits_{t=1}^{T} I_{\{o_t = v_k\}} \gamma_t(i)}{\sum\limits_{t=1}^{T} \gamma_t(i)}, \quad 1 \leqslant i \leqslant N, \ 1 \leqslant k \leqslant M$$

$$(2.35)$$

其中 $I_{\{o_t = v_k\}} = \begin{cases} 1 & o_t = v_k \\ 0 & o_t \neq v_k \end{cases}$ 是示性函数. (2.33)、(2.34) 和 (2.35) 式
被称为 Baum-Welch 重估计公式.

3. 重复这个过程,逐步改进模型参数,直到 $P(O \mid \lambda^{(n)})$ 收敛,即
不再明显增大,此时的 $\lambda^{(n)}$ 即为所求的模型参数.

下面我们将指出,上面的迭代算法的每一步修改都往"好"的方
向发展,也就是说使得 $P(O \mid \lambda^{(n+1)}) \geqslant P(O \mid \lambda^{(n)})$. 故可望在 n 充分
大时,$\lambda^{(n)}$ 成为极大似然估计 λ^* 的较好的估计.

定义辅助函数:

$$Q(\lambda, \tilde{\lambda}) \triangleq \sum_{Q \in \Omega} P(Q \mid O, \lambda) \log P(O, Q \mid \tilde{\lambda}) \qquad (2.36)$$

其中 λ 表示原来的模型:$\lambda = (\boldsymbol{\pi}, \boldsymbol{A}, \boldsymbol{B})$,$\tilde{\lambda}$ 表示新求取的模型:$\tilde{\lambda} = (\tilde{\boldsymbol{\pi}}, \tilde{\boldsymbol{A}}, \tilde{\boldsymbol{B}})$,$O$ 为用于训练的符号序列:$O = o_1 o_2 \cdots o_T$,Q 为某条状态
序列:$Q = q_1 q_2 \cdots q_T$.

定理 如果 $Q(\lambda, \tilde{\lambda}) \geqslant Q(\lambda, \lambda)$,那么 $P(O \mid \tilde{\lambda}) \geqslant P(O \mid \lambda)$.

证明 由于 $P(O, Q \mid \tilde{\lambda}) = P(Q \mid O, \tilde{\lambda}) P(O \mid \tilde{\lambda})$,有

$$\log P(O \mid \tilde{\lambda}) = \log P(O, Q \mid \tilde{\lambda}) - \log P(Q \mid O, \tilde{\lambda}),$$

上式两边分别乘以 $P(Q \mid O, \lambda)$ 并关于 Q 相加,得

$$\log P(O \mid \tilde{\lambda}) = \sum_{Q \in \Omega} P(Q \mid O, \lambda) \log P(O, Q \mid \tilde{\lambda}) -$$

$$\sum_{Q\in\Omega} P(Q\mid O,\lambda)\log P(Q\mid O,\widetilde{\lambda}).$$

根据 $Q(\lambda,\widetilde{\lambda})$ 的定义有

$$\log P(O\mid\widetilde{\lambda})-\log P(O\mid\lambda)$$
$$=Q(\lambda,\widetilde{\lambda})-Q(\lambda,\lambda)+\sum_{Q\in\Omega}P(Q\mid O,\lambda)\log\frac{P(Q\mid O,\lambda)}{P(Q\mid O,\widetilde{\lambda})},$$

由于对任意的 $x>0$，$\dfrac{\partial^2}{\partial^2 x}\log x=-\dfrac{1}{x^2}<0$，所以 $-\log x$ 在 $x>0$ 时为严格凸函数. 利用 Jensen 不等式[76]，有

$$\sum_{Q\in\Omega}P(Q\mid O,\lambda)\log\frac{P(Q\mid O,\lambda)}{P(Q\mid O,\widetilde{\lambda})}$$
$$=-\sum_{Q\in\Omega}P(Q\mid O,\lambda)\log\frac{P(Q\mid O,\widetilde{\lambda})}{P(Q\mid O,\lambda)}$$
$$\geqslant-\log\sum_{Q\in\Omega}P(Q\mid O,\lambda)\frac{P(Q\mid O,\widetilde{\lambda})}{P(Q\mid O,\lambda)}$$
$$=0.$$

因此

$$\log P(O\mid\widetilde{\lambda})-\log P(O\mid\lambda)\geqslant Q(\lambda,\widetilde{\lambda})-Q(\lambda,\lambda).$$

这样，由 $Q(\lambda,\widetilde{\lambda})\geqslant Q(\lambda,\lambda)\Rightarrow P(O\mid\widetilde{\lambda})\geqslant P(O\mid\lambda)$.

证毕.

由定理可知，对辅助函数 $Q(\lambda,\widetilde{\lambda})$，只要能找到 $\widetilde{\lambda}$，使 $Q(\lambda,\widetilde{\lambda})$ 达到最大值，那么，就能保证 $Q(\lambda,\widetilde{\lambda})\geqslant Q(\lambda,\lambda)$，从而使 $P(O\mid\widetilde{\lambda})\geqslant P(O\mid\lambda)$，这样，新得到的模型 $\widetilde{\lambda}$ 在表示训练序列 O 方面就比原来的模型 λ 要好. 一直重复这个过程，直到某个收敛点，就可以得到根据训

练序列 O 估计出的结果模型. 为求 $Q(\lambda^{(n)}, \lambda)$ 关于 λ 的最大值 $\lambda^{(n+1)}$,
我们用:

引理 在约束条件 $\sum\limits_{i=1}^{N} x_i = 1$, $x_i \geqslant 0 (1 \leqslant i \leqslant N)$ 下, 函数
$\sum\limits_{i=1}^{N} c_i \log x_i (c_i > 0)$ 在 $x_i = \dfrac{c_i}{\sum\limits_{i=1}^{N} c_i}$ 处取得最大.

注意 $P(O, Q \mid \lambda) = \pi_{q_1} b_{q_1}(o_1) a_{q_1 q_2} \cdots a_{q_{T-1} q_T} b_{q_T}(o_T)$, 那么

$$\log P(O, Q \mid \lambda) = \log \pi_{q_1} + \sum_{t=1}^{T} \log b_{q_t}(o_t) + \sum_{t=1}^{T-1} a_{q_t q_{t+1}}.$$

由此得

$$
\begin{aligned}
Q(\lambda^{(n)}, \lambda) &= \sum_{Q \in \Omega} P(Q \mid O, \lambda^{(n)}) \Big(\log \pi_{q_1} + \sum_{t=1}^{T} \log b_{q_t}(o_t) + \sum_{t=1}^{T-1} a_{q_t q_{t+1}} \Big) \\
&= \sum_{i=1}^{N} P(q_1 = i \mid O, \lambda^{(n)}) \log \pi_i + \\
&\quad \sum_{i=1}^{N} \sum_{k=1}^{M} \sum_{t=1}^{T} P(q_t = i \mid O, \lambda^{(n)}) I_{\{o_t = v_k\}} \log b_i(k) + \\
&\quad \sum_{i=1}^{N} \sum_{j=1}^{N} \sum_{t=1}^{T-1} P(q_t = i, q_{t+1} = j \mid O, \lambda^{(n)}) \log a_{ij} \\
&= \sum_{i=1}^{N} d_i \log \pi_i + \sum_{i=1}^{N} \sum_{k=1}^{M} e_{ik} \log b_i(k) + \sum_{i=1}^{N} \sum_{j=1}^{N} c_{ij} \log a_{ij}
\end{aligned}
$$

$$(2.37)$$

其中

$$d_i = P(q_1 = i \mid O, \lambda^{(n)}),$$

$$e_{ik} = \sum_{t=1}^{T} P(q_t = i \mid O, \lambda^{(n)}) I_{\{o_t = v_k\}},$$

$$c_{ij} = \sum_{t=1}^{T-1} P(q_t = i, q_{t+1} = j \mid O, \lambda^{(n)}),$$

此处,有 $\sum\limits_{i=1}^{N} \pi_i = 1$, $\sum\limits_{j=1}^{N} a_{ij} = 1$, $\sum\limits_{k=1}^{M} b_i(k) = 1$, 并且 $d_i > 0$, $e_{ik} > 0$, $c_{ij} > 0$, 这样可以通过分别最大化上面(2.37)式右边各项得到修正模型 $\lambda^{(n+1)}$,

$$\pi_i^{(n+1)} = \frac{d_i}{\sum\limits_{i=1}^{N} d_i} = \frac{P(q_1 = i \mid O, \lambda^{(n)})}{\sum\limits_{i=1}^{N} P(q_1 = i \mid O, \lambda^{(n)})}$$

$$= P(q_1 = i \mid O, \lambda^{(n)}) = \gamma_1(i),$$

$$a_{ij}^{(n+1)} = \frac{c_{ij}}{\sum\limits_{j=1}^{N} c_{ij}} = \frac{\sum\limits_{t=1}^{T-1} P(q_t = i, q_{t+1} = j \mid O, \lambda^{(n)})}{\sum\limits_{j=1}^{N} \sum\limits_{t=1}^{T-1} P(q_t = i, q_{t+1} = j \mid O, \lambda^{(n)})}$$

$$= \frac{\sum\limits_{t=1}^{T-1} P(q_t = i, q_{t+1} = j \mid O, \lambda^{(n)})}{\sum\limits_{t=1}^{T-1} P(q_t = i \mid O, \lambda^{(n)})} = \frac{\sum\limits_{t=1}^{T-1} \xi_t(i, j)}{\sum\limits_{t=1}^{T-1} \gamma_t(i)},$$

$$b_i^{(n+1)}(k) = \frac{e_{ik}}{\sum\limits_{k=1}^{M} e_{ik}} = \frac{\sum\limits_{t=1}^{T} P(q_t = i \mid O, \lambda^{(n)}) I_{\{o_t = v_k\}}}{\sum\limits_{k=1}^{M} \sum\limits_{t=1}^{T} P(q_t = i \mid O, \lambda^{(n)}) I_{\{o_t = v_k\}}}$$

$$= \frac{\sum\limits_{t=1}^{T} P(q_t = i \mid O, \lambda^{(n)}) I_{\{o_t = v_k\}}}{\sum\limits_{t=1}^{T} P(q_t = i \mid O, \lambda^{(n)})} = \frac{\sum\limits_{t=1}^{T} I_{\{o_t = v_k\}} \gamma_t(i)}{\sum\limits_{t=1}^{T} \gamma_t(i)},$$

这正好就得到了前面的迭代关系式(2.33)、(2.34)和(2.35).

在具体应用隐马氏模型时,首先要建立模型,其中包括设定马尔可夫链的状态集及其规模,即总状态数 N;然后确定相应的观测过程. 在学习(训练)过程中,它是一个不完全数据的参数估计问题,与前面讨论的两个问题相比,是最困难的一个问题. Baum-Welch 重估计(EM)算法只是得到广泛应用的解决这一问题的经典方法,但并不是唯一的,也远不是最完善的方法,我们将在第三章中对这个问题作进一步讨论.

2.3 生物信息学中常用的隐马氏模型

2.3.1 剖面隐马氏模型

剖面隐马氏模型(Profile Hidden Markov Model,简记为 PHMM)[77,78]及其相关模型都是基于隐马氏模型的理论.剖面隐马氏模型可通过多重序列联配来构建.模型是包含 3 种状态(分别是匹配状态(M)、插入状态(I)和缺失状态(D))重复集的简单的从左至右(Left-Right)结构,它本质上是一条表示匹配、插入或缺失状态的链.剖面隐马氏模型的结构如图 2-4 所示.

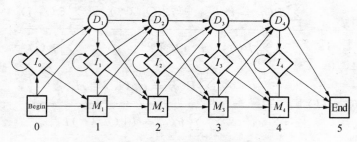

图 2-4　剖面隐马氏模型的结构

事实上剖面隐马氏模型是一个节点序列,每个节点对应于多重序列联配中的一列.我们使用的隐马氏模型,每个节点有一个匹配状态(用矩形表示)、插入状态(用菱形表示)和缺失状态(用圆形表示).为了研究的方便,引入了两个额外的状态:开始(Begin)状态和结束(End)状态.在这两个状态不发出任何符号.每条序列从开始到结束使用这些状态穿越模型.匹配状态表示序列在那个列有一个字符,缺失状态表示在那个列没有字符发出,插入状态允许序列在列之间发出附加的字符.因此,每个位置有氨基酸的分布和状态间的转移.也就是,剖面隐马氏模型具有依赖于位置的字符分布和依赖于位置的

插入和缺失间隙惩罚. 剖面隐马氏模型结构的大小由主状态数确定,
图 2-4 表示的剖面隐马氏模型的主状态数是 4.

2.3.2 基因发现器隐马氏模型

将基因从 DNA 序列中找出来是生物信息学的一个研究热点.
典型的基于隐马氏模型的基因预测系统有 John Hopkins 大学的
VEIL 系统[79]、丹麦理工大学的 HMMgene 系统[80,81]、乔治亚理工
学院的 GeneMark. hmm 系统[82]、加利福尼亚大学 Santa Cruz 和
Berkeley 分院的 Genie 系统[83] 以及斯坦福大学的 GENSCAN 系
统[84]. 这儿,我们主要介绍 VEIL(Viterbi Exon-Intron Locator)系统
(如图 2-5 所示).

图 2-5 VEIL 系统的基因结构示意图

VEIL 系统[79] 是被广泛用于基因查寻和预测的软件之一. VEIL
为 DNA 序列的特定片段,如外显子(Exon)、内含子(Intron)、基因
间区域(Intergenic Region)、剪接位点(Splice Sites)等,设计并训练相
应的隐马氏模型. 接着,这些分离的模型连接在一起形成具有生物
意义的拓扑构形. 集成的隐马氏模型进一步用一组真核 DNA 序列
训练. 训练好的隐马氏模型可以借助于 Viterbi 动态规划算法确定
询问序列的编码区. VEIL 系统以模块方式使用标准隐马氏模型方
法建立合成模型以寻找基因. 它的结构设计巧妙(见图 2-6),通过
许多仅能发出 4 种核苷酸中的一种的状态避免了内部核苷酸间依
赖的问题. 因为核苷酸间的依赖性通过状态转移表现,而不是编码
于状态中.

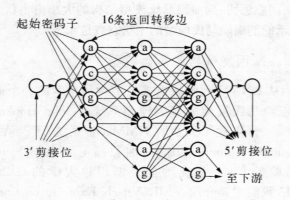

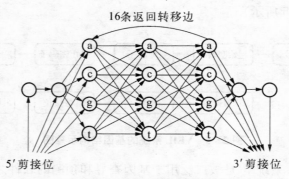

图 2-6　VEIL 系统的隐马氏模型结构示意图

2.3.3　跨膜蛋白结构预测隐马氏模型

跨膜蛋白隐马氏模型(TransMembrane Hidden Markov Model，简记为 TMHMM)[85,86]的基本结构如图 2-7 所示.

膜上的那些以单条或数条 α 螺旋穿越脂双层的蛋白称为跨膜蛋白. 跨膜螺旋的精确定位对功能注释及直接功能分析起着重要的作用. 残基主要有 3 种主要的位置：跨膜螺旋核心、跨膜螺旋帽和环区. 根据不同区域的 20 种氨基酸的不同分布，该模型共有 7 种状态：螺旋核心状态、膜两边的螺旋帽状态、细胞质边的环状态、非细胞质边

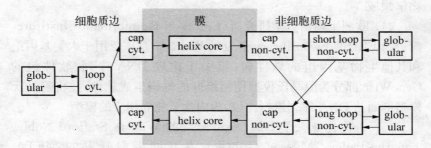

cyt. 指膜的细胞质边,non-cyt. 指膜的非细胞质边

图 2-7　基于隐马氏模型的 TMHMM 的基本结构示意图

的两个长度不同的环状态以及每个环中间的球状区域状态等 7 种状态.非细胞质变的两条环路径分别用于建立短环和长环模型,对应于生物意义上的两个已知的不同膜插入机制.

2.4　国外隐马氏模型应用简况

2.4.1　现有隐马氏模型软件综述

下面简单介绍一下近年来使用隐马氏模型进行生物序列分析的一些软件.

(1) Washington 大学的 Sean Eddy 实验室开发的 HMMER 软件包[78,87—90]使用剖面隐马氏模型搜索敏感数据库.

(2) 加利福尼亚大学 Santa Cruz 分院的生物信息学研究组开发的 SAM 系统[91—95](序列联配与建模软件系统,Sequence Alignment and Modeling Software System)是利用标准隐马氏模型进行生物序列分析的软件工具集.

(3) Net-ID 公司的 Pierre Baldi 和 Yves Chauvin 开发的商业软件包 HMMpro[96]是生物序列分析的隐马氏模型模拟器,用于挖掘通过基因组和其他测序方法产生的生物信息,它使用机器学习自动建立蛋白质和 DNA 序列的统计模型,并将这些模型应用于计算分子生物学领域.

（4）欧洲生物信息学研究所（European Bioinformatics Institute，简记为 EBI）的 Ewan Birney 开发的 Wise2[97] 是广泛用于人类基因组和其他生物基因组的软件包，集中于比较 DNA 序列. 软件包的 GeneWise 部分为隐马氏模型使用极好的编码生成软件，并将隐马氏模型剖面与 DNA 序列进行比较，为内含子建立相应的模型.

（5）哥伦比亚大学 San Diego 分院的 William Stafford Noble、Timothy Bailey、Michael Gribskov 及其同事们开发的 META-MEME[98] 是建立和使用 DNA 和蛋白质序列的基于模体隐马氏模型的软件工具包.

（6）Cambridge 大学工程系开发的 HTK（The Hidden Markov Model Toolkit）[99] 是一个建立和使用隐马氏模型的工具包，最初用于语音识别，逐步开始应用于 DNA 测序. HTK 已经在世界数百个站点使用.

（7）Johns Hopkins 大学的 John C. Henderson 和 Steven Salzberg 等开发的 VEIL 程序[79] 使用自定义的隐马氏模型在真核 DNA 序列中寻找基因，它对于脊椎动物 DNA 序列的应用尤为突出.

（8）丹麦 Copenhagen 大学生物信息学中心的 Anders Krogh 开发的 HMMgene 程序[80,81,100,101] 使用隐马氏模型在匿名 DNA 序列中预测基因.

（9）丹麦 Copenhagen 大学生物信息学中心的 Anders Krogh 和瑞典 Karolinska 研究所基因组和生物信息学中心的 Erik L. L. Sonnhammer 开发的 TMHMM[85,86] 用于预测蛋白质的跨膜螺旋，作者给出的预测精确度高于 90%. 使用的隐马氏模型是一循环结构，共由七种状态组成：螺旋核心、位于两边的螺旋冒、位于细胞质中的环、位于非细胞质中的两个环和位于每个环中间的球形区域状态.

（10）匈牙利科学院生物学研究中心酶学研究所的 Gábor E. Tusnády 开发的 HMMTOP[102,103] 是使用隐马氏模型预测跨膜螺旋和跨膜蛋白质拓扑构形的自动服务程序.

　　(11) 乔治亚州技术研究所生物信息学研究组的 Mark Borodovsky 及其同事们开发的 GeneMark[82,104—106] 是基于隐马氏模型的用于基因预测的软件包(见表 2-3).

　　(12) 加利福尼亚大学 Santa Cruz 分院计算生物学研究组的 David Kulp 和 Lawrence Berkeley 国家实验室人类基因组信息研究组的 Martin Reese 等开发的 Genie 程序[83,107] 是基于广义隐马氏模型的基因发现器,主要用于寻找脊椎动物与人类 DNA 序列中的基因.

表 2-3　基于隐马氏模型的软件包

软件名称	URL　地　　址
HMMER	http：//genome. wustl. edu/eddy/hmmer. html
SAM	http：//www. cse. ucsc. edu/research/compbio/sam. html
HMMpro	http：//www. netid. com
Wise2	http：//www. ebi. ac. uk/Wise2/
META-MEME	http：//www. cse. ucsc. edu/users/bgrundy/metameme. 1. 0. html
HTK	http：//htk. eng. cam. ac. uk/
VEIL	http：//www. cs. jhu. edu/labs/compbio/veil. html
HMMgene	http：//www. cbs. dtu. dk/services/HMMgene/
TMHMM	http：//www. cbs. dtu. dk/services/TMHMM - 2. 0/
HMMTOP	http：//www. enzim. hu/hmmtop/
GeneMark	http：//www2. ebi. ac. uk/genemark/
Genie	http：//www. cse. ucsc. edu/~dkulp/cgi-bin/genie

2.4.2　隐马氏模型的数据库和模型库

　　随着隐马氏模型在生物信息学中的不断深入,产生了许多数据库和模型库. 在 2.3 节,我们看到剖面隐马氏模型非常适合建立我们所感兴趣的序列家族模型,以及在序列数据库中寻找附加相似性. 建立剖面隐马氏模型库需要大量共同蛋白质结构域的多重序列联配和注释的多重序列联配数据库. 两个大的注释剖面隐马氏模型数据库是：（1）Pfam 数据库, http：//www. sanger. ac. uk/Software/Pfam/；（2）PROSITE剖面数据库, http：//www. expasy. ch/prosite/.

　　PFAM 蛋白质家族数据库[41,108-110]是高度管理的序列家族数据库. 该数据库不仅提供家族的注释, 也提供用来产生隐马氏模型的种子序列的联配结果, 以及经过迭代的序列处理的最终联配结果. 这些序列联配的结果力图说明进化上的功能和结构保守区. PFAM 数据库中的信息非常精确并有很好的覆盖率. PFAM 数据库主要使用 HMMER 软件包完成的. 它是蛋白质家族和结构域的集合, 包含蛋白质多重序列联配和这些家族的剖面隐马氏模型. PROSITE[38] 是由蛋白质序列中有生物意义的位点（Sites）、模式（Patterns）和剖面组成的数据库, 用于识别新的蛋白质序列是否属于某个已知的蛋白质家族. 由于 PROSITE 数据库和 Pfam 数据库是相互独立的研究计划, 因而这两个数据库之间存在着一些重叠. Pfam 数据库主要集中于具有大部分细胞外模块的结构域, 2003 年 2 月发行的 8.0 版包含 5 193 个蛋白质结构域家族. PROSITE 剖面数据库主要集中于细胞内蛋白质的结构域, 包括信号转换、DNA 修复和细胞循环调控等. 2003 年 3 月 29 日发行的 17. 41 版包含 1 178 个条目, 描述 1 614 个不同的模式、规则和剖面.

　　SUPERFAMILY 数据库[68]包含表示所有已知结构的蛋白质的隐马氏模型库. 该数据库是基于远缘进化关系蛋白质的蛋白质结构分类（SCOP）数据库[37]的超家族层次. 该数据库的网址是 http：//supfam. org, 主要提供三个方面的服务：序列相似性搜索、与已知结构序列的多重序列联配、为所有完整基因组（目前有 59 个）分配结构. 数据库使用的隐马氏模型是基于用于表示蛋白质家族（或超家族）的多重序列联配的剖面形式. 超家族数据库主要使用 SAM 软件[93]完成, 但可以同时提供 SAM 格式和 HMMER 格式的模型.

　　简单模块结构搜索工具（Simple Modular Architecture Research Tool, 简记为 SMART）[111-115]相似于 PFAM, 除了它仅覆盖位于细胞

外的与染色质相关的蛋白质结构域. 2002 年 9 月 8 日发行的 3.4 版包含 654 个条目. SMART 同样使用 HMMER 软件包完成.

TIGRFAMs[116—118] 数据库是基于隐马氏模型的蛋白质家族,由微生物基因组计划产生序列聚类的隐马氏模型库. 这个数据库使用 HMMER 软件包完成.

2.5 本章小结

(1) 从马尔可夫模型及 CpG 岛建模,说明了研究隐马氏模型的必要性. 一个隐马氏模型由初始状态概率向量 π、状态转移概率矩阵 A 和符号发出矩阵 B 定义.

(2) 列出了隐马氏模型的三个关键问题,并给出了具体的求解过程. 主要涉及以下变量:

1) $\alpha_t(i) = P(o_1 o_2 \cdots o_t, q_t = i \mid \lambda)$;

2) $\beta_t(i) = P(o_{t+1} o_{t+2} \cdots o_T \mid q_t = i, \lambda)$;

3) $\delta_t(i) = \max\limits_{q_1 q_2 \cdots q_{t-1}} P(q_1 q_2 \cdots q_t, q_t = i, o_1 o_2 \cdots o_t \mid \lambda)$;

4) $\gamma_t(i) = P(q_t = i \mid O, \lambda)$;

5) $\xi_t(i, j) = P(q_t = i, q_{t+1} = j \mid O, \lambda)$;

6) $d_i = P(q_1 = i \mid O, \lambda)$;

7) $e_{ik} = \sum\limits_{t=1}^{T} P(q_t = i \mid O, \lambda) I_{(o_t = v_k)}$;

8) $c_{ij} = \sum\limits_{t=1}^{T-1} P(q_t = i, q_{t+1} = j \mid O, \lambda)$.

(3) 介绍了在生物信息学中常用的隐马氏模型:剖面隐马氏模型、基因发现器隐马氏模型和跨膜蛋白结构预测隐马氏模型,反映了隐马氏模型在生物信息学中起着越来越重要的作用.

(4) 通过总结,我们给出了国外隐马氏模型的应用简况,其中列举了现有的隐马氏模型软件及隐马氏模型数据库和模型库.

第三章　剖面隐马氏模型

剖面隐马氏模型是隐马氏模型在生物信息学中应用最为广泛的类型之一,我们的研究也主要集中于这种类型的隐马氏模型. 关于剖面隐马氏模型的训练算法,虽然仍可用 Baum-Welch 重估计(EM)算法训练,但由于 Baum-Welch 重估计(EM)算法是一种基于最陡梯度下降的局部优化算法,因此往往只能求得参数的局部最优值. 尽管剖面隐马氏模型参数估计的 Baum-Welch 重估计(EM)算法的给出,使得剖面隐马氏模型的参数估计问题在一定程度上得到了比较圆满的解决,但是在剖面隐马氏模型的各种应用中依然存在着许多问题:如解的质量取决于剖面隐马氏模型初始参数值的选取;模型的复杂度和过拟合问题依赖于剖面隐马氏模型主状态数的选取等等. 本章我们首先介绍剖面隐马氏模型作为多序列联配的统计框架;接着,在剖面隐马氏模型的基础上讨论 Baum-Welch 重估计(EM)算法的改进;最后,对剖面隐马氏模型的拓扑构形的调整问题作了进一步的比较分析.

3.1　剖面隐马氏模型作为多序列联配的统计框架

3.1.1　同源性、特征模式和序列联配

在系统发育学中,同源性是指不同生物个体之间由共同的祖先继承而来的相同的特征[26,119]. 在分子生物学中,同源性通常简单地指相似性,而不考虑遗传上的联系. 虽然相似性和同源性在某种程度上具有一致性,但它们是完全不同的两个概念. 所谓同源序列是指从某一共同祖先经趋异进化而形成的不同序列. 通常我们都假定同源序列是从某一共同祖先不断变化而来,但是事实上我们无法得知这个祖先序列,我们所能够做到的只是从现存物种中探求序列. 从祖先序

列以来所发生的变化包括取代（Substitution）、插入（Insertion）和缺失（Deletion），其中插入和缺失统称为"插删（Indel）".

两条或多条符号序列按字母比较，以尽可能确切地反映它们之间的相似和相异，这称为序列联配（Sequence Alignment）[22]. 利用序列联配的结果可寻找保守的序列模式，而这些序列模式可以体现组成序列的结构特征或是功能特征. 这些保守的序列模式，乃至经过联配的整个序列，都可以用来构造标识基因家族或功能的特征信号，从而用来识别新的未知序列.

3.1.2　计分矩阵

早期的序列联配程序使用简单的一致计分矩阵（Unitary Scoring Matrix）[120]. 一致计分矩阵为匹配的残基对与不匹配的残基对分别分配以相同的得分，例如为匹配的残基对计 1，不匹配的残基对计 0. 尽管这种计分方法有时适于 DNA 和 RNA 序列的联配，但对于蛋白质序列的联配使用一致计分矩阵忽略了蛋白质的进化和结构信息. 对蛋白质序列联配的 30 多年研究，已证明对于 400 个氨基酸对间的不同的匹配和不匹配在序列联配中需要赋予不同的得分. 因而，不同于一致计分矩阵的许多改进的方法已被提出.

基于进化距离（Evolutionary Distance）的计分矩阵是由 Margaret Dayhoff 等在 20 世纪 70 年代后期提出的[121]，他们对进化过程中氨基酸彼此间的替换作了详细的频率研究. 这导致了在一个短的进化过程氨基酸彼此间替换的相对频率表，称为可接受点突变（Point Accepted Mutation，简记为 PAM）矩阵. 取 1 个蛋白质序列中的氨基酸变异 1% 作为进化距离的单位，称之为 1 个 PAM. 但 100 次 PAM 后并不意味着序列变得完全不同，因为其中一些位置可能会经过多次改变，甚至可能变回到原先的氨基酸，而另外一些氨基酸可能不发生改变. Margaret Dayhoff 等用手工比较了当时数目有限的同源蛋白质序列，取实际观察所得的替换频率与随机背景序列的相应频率比值的对数，用统计方法得到对应 1PAM 的数据，再外插到

250PAM. 实际计算中针对不同的进化距离, 使用从 PAM100 到 PAM500 不等的计分矩阵. 亲缘关系近者用 PAM100 到 PAM150, 亲缘关系远者用更高号的矩阵. PAM250 矩阵结果见附录 A.

近来使用较多的 BLOSUM 矩阵(Block Substitution Matrix)[122] 是根据 BLOCK 数据库[41]中蛋白质序列的高度保守部分的联配自动产生的. 同 PAM 矩阵一样, 也有许多编号的 BLOSUM 矩阵, 这里的编号指的是序列可能相同的最好水平, 并且同模型保持独立性. 许多序列联配程序自动以 BLOSUM62 作为首选计分矩阵, 从 BLOSUM30 到 BLOSUM90 都可能用到. 与 PAM 矩阵相反, BLOSUM 矩阵大号对应近亲, 小号对应远亲. BLOSUM62 矩阵结果见附录 B.

选择何种计分矩阵通常依赖于所研究的问题[120]. 对于任何一个序列联配, 我们都可以计算一个得分, 但重要的是需要判定这个得分是否足够高, 是否能够提供进化同源性的证据. 在解决这一问题时, 对于偶然出现的最高分, 有些思想很有帮助, 但是没有一个数学理论能够描述整个序列联配的得分分布. 其中一种能评估其重要性的方法就是将所得的序列联配得分和那些同样长度组成的随机序列进行比较. 一个好的序列联配可能只是因为巧合而出现, 因此我们需要使用序列联配得分的统计学特性来帮助我们评估序列联配的可信性.

3.1.3 剖面方法与剖面隐马氏模型

模式识别最简单的方法是用一个简单的保守序列模式来标识一个家族的特征, 并且把序列模式简化成一个统一的正则表达式(Regular Expression)[51,100]. 正则表达式中不包含序列的全部信息, 只保留最保守或最重要的氨基酸残基. 显然, 这种基于正则表达式的搜索并没有考虑生物学意义, 即没有考虑生物进化过程中的保守性替换. 正则表达式序列模式的定义越模糊, 找到同源序列甚至是远距离同源序列的可能性就越大, 但噪音也随之增加, 得到假阳性结果的可能性也增加; 相反, 正则表达式序列模式定义越严格, 误配可能性就越小,但搜索结果灵敏度降低,许多匹配程度很高但没有完全满足正则表达式序列模式的目标序列却无法被检测到. 当一个特定的蛋白质家族可以被一个高度保守的序列模式标识时,正则表达式的使用就显示其很大的优越性. 这种序列模式的长度通常在 10~20 个氨基酸残基. 在这种情况下,利用正则表达式可以很好地识别一些在蛋白质结构或功能上起关键作用的核心序列片段. 但是,序列联配结果也经常会给出一些几个残基的短小序列片段,它们既不能用来标识一个特征片段,也不属于某个特定的蛋白质家族.

而剖面(Profiles)方法则是利用多序列联配结果的全部信息构造每一个位点的残基的取代、插入和缺失的分数表. 蛋白质、RNA 和基因组中的一些特征通常可以分类为相关序列和结构的家族,功能序列中不同的残基有不同的选择压力. 序列家族的多重联配在它们的保守特征序列模式中反应了这点:在多重联配中某些位置比其他位置更为保守,有些区域比其他区域更易于发生插入和缺失,从而引入了从多重联配建立位置得分模型的剖面方法[123—126]. 剖面一词最早由 Gribskov 及其同事们引入,同时其他研究组也提出了相似的方法,例如"灵活特征模式(Flexible Pattern)[127]"和"模板(Template)[128]"等. 所有这些都或多或少有多重序列联配共有的统计描述. 他们使用氨基酸或核苷酸的指定位置得分以及开始并延伸插入和缺失的指定位置得分. 传统的成对联配(如 BLAST[129,130]、FASTA[131,132] 和 Smith/Waterman 算法[133])使用与位置独立的得分参数. 剖面方法可以作为一种特别的得分系统使用,剖面的这个性质捕获了多重联配中不同位置的保守程度,以及允许缺失和插入的不同程度. 从剖面可以看出,哪些残基可以出现在某个特定位点,哪些位点是高度保守的,哪些位点突变可能性较大,哪些位点或区域可以插入空位,等等. 显然,剖面分数表相当复杂,它不仅包含了序列联配的信息,还用到了进化和结构方面的研究结果. 例如,对发生在二级结构内部的插入或缺失,剖面方法给予额外的罚分处理. 剖面方法内在的复杂性使其拥有非常强大的识别能力,这对于 PROSITE 数据库[38]中识别能力较低的正则表达式是一个很好的补充. 在序列间进化距离很远时,模式识别方法变得无能为力,而剖面则是值得一试的方法.

另一种利用全局信息的方法是用隐马氏模型[78,134,135] 从序列联配中提取信息. 隐马氏模型为剖面方法提供了相关的理论基础. 隐马氏模型于 20 世纪 80 年代末被引入计算分子生物学[67], 1994 年 Anders Krogh 和 David Haussler 及其在加利福尼亚大学 Santa 分院的同事们采用隐马氏模型技术引入并开始使用剖面隐马氏模型[77]. 剖面隐马氏模型是描述大量相互联系的状态之间发生转移的概率模型,本质上是一条表示匹配、缺失或插入状态的链,用来检测序列联配结果中的保守区. 序列联配结果中的每一个保守残基可以用一个匹配状态来描述. 同样,空位的插入可用插入状态描述,残基缺失状态则表示允许在本来匹配的位置发生缺失. 因此,为一个多序列联配的结果构造隐马尔可夫链需要把所有的位置都用匹配、插入或者缺失这 3 种状态中的一种表示.

剖面隐马氏模型是 Pfam 数据库的基础,除了剖面隐马氏模型外,Pfam 数据库还提供用来产生剖面隐马氏模型的种子序列的联配结果,以及经过迭代的序列处理的最终联配结果. 这些序列联配的结果力图说明进化上的功能和结构保守区,然而,与人工开发的作为 PROSITE 数据库补充的剖面不同,Pfam 数据库主要是由计算机程序自动完成的. 因此,经过反复迭代得到的序列可能出错,检测到的序列可能与目标序列并非相关. 因此,最终联配结果如不经过仔细分析,可能存在不少问题,其给出的结构和功能信息必须慎用.

剖面隐马氏模型已经成功地应用于许多蛋白质家族[51,77,136],如球蛋白、免疫球蛋白(Immunoglobulin)、激酶和 G 蛋白质成对受体等. 剖面隐马氏模型也可用来建立蛋白质二级结构的模型[137—139],如 α-螺旋. 1994 年在蛋白质结构预测竞赛中,Tim Hubbard 和他的同事将剖面隐马氏模型方法与二级结构预测方法相结合取得了优势[140]. 到 1997 年底已有蛋白质家族(Pfam)[41,108—110] 和蛋白质家族二级结构的隐马氏模型数据库可以使用. 由于剖面隐马氏模型适合将序列和结构信息相组合,因此它在反向折叠和线串法(Threading)研究中开始获得重要的应用[141].

剖面隐马氏模型虽然是一个一级结构模型,但这并不说明剖面隐马氏模型都必须是序列模型,一个 3 维位置的结构环境也能予以考虑. 例如,3D 剖面方法,其中残基得分由位置的结构环境决定,与序列无关,能作为剖面隐马氏模型有效地予以实现[141]. 剖面隐马氏模型可以看作是"剖面"概念的推广,一个"剖面"是一张数值表格,可能会包含"缺失"作为第 21 种氨基酸类型,但不包含"插入". 而剖面隐马氏模型能更明确地包含"缺失"和"插入". 更进一步,隐马氏模型的含义更为广泛,因为其包含状态间相互关联的信息,例如,观察到连续两个缺失的概率.一张"剖面"可通过一组序列的最优联配来构建,因为可以用来统计残基的发生频率. 在剖面隐马氏模型中,一个特定的序列即为一系列的状态. 因此,一组序列可以用来优化状态转移概率和符号发出概率并构建最能表示该特征的模型,模型的长度也可以同时被优化.

3.1.4　剖面隐马氏模型的得分统计显著性

一旦为生物序列家族建立了剖面隐马氏模型 λ,就可以使用向前算法计算任意待检序列 O 在给定模型下的 $\log(P(O\mid\lambda))$,称为对数似然得分;使用 Viterbi 算法计算 $\log(P(O,Q^*\mid\lambda))$,称为 Viterbi 得分. 因为在生物信息学中正的得分表示显著,负的得分表示惩罚,所以取负对数似然(Negative Log-Likelihood,简记为 NLL),即 $-\log(P(O\mid\lambda))$,作为待检序列 O 在给定模型下的得分[77]. 但 NLL -得分太依赖于待检序列 O 的长度,因而往往不能直接确定待检序列是否属于剖面隐马氏模型 λ 建模的家族.

使用 Z -得分[77,142,143]方法通过适当地归一化 NLL -得分可以克服这个问题. 序列的 Z -得分计算过程如下:首先计算数据库中各条序列的 NLL -得分;接着计算相同长度序列的平均 NLL -得分和标准差;最后计算序列的 NLL -得分和与该序列具有相同长度的平均

NLL -得分之差与相应标准差的比值. 这个比值就被称为该序列的
Z -得分. 接着,通过观察数据库中序列的 Z - o 得分直方图选择适当
的值作为 Z -得分阈值. 如果待检序列的 Z -得分大于这个阈值,那么
该序列属于剖面隐马氏模型建模的家族.

 计算序列的 Z -得分有以下缺点:需要计算整个数据库序列的
NLL -得分;Z -得分阈值的选择是主观的;等等. 对数差异比(Log-
Odds Ratio)得分[144—146]克服了以上的不足. 对数差异比得分可以断
言在给定剖面隐马氏模型 λ 下待检序列 O 的概率是否大于待检序列
O 在空模型(NULL Model)φ 下的概率:

$$S(O) = \log_z \frac{P(O \mid \lambda)}{P(O \mid \phi)} \tag{3.1}$$

其中对数可以取任意的 z 为底,通常可以取 2 为底,或者取自然对数.
空模型(也可被称为背景模型,Background Model)是指由随机序列
组成的模型,用于指定 20 种氨基酸残基或 4 种核苷酸碱基的期望背
景发出频率. 当对数差异比得分大于 0 时,剖面隐马氏模型 λ 比空模
型 φ 能更好地与待检序列 O 匹配.

 可以使用标识(Logos)图[147]显示被联配序列组、共有序列或剖
面隐马氏模型所蕴涵的信息:序列的共有性;在每个位置的残基显著
性排列;在每个位置的每个残基的相对频率;序列中出现在每个位置
的信息量(以比特位度量);等等. 假定有一主状态数为 N 的剖面隐马
氏模型 λ. 根据香农信息论(Shannon Information Theory)[51],在每
个匹配状态 $M_i (1 \leqslant i \leqslant N)$ 的熵定义为:

$$H(M_i) = -\sum_{b \in \Sigma} e_{M_i}(b) \log_2 e_{M_i}(b) \tag{3.2}$$

其中 $H(M_i)$ 是在匹配状态 M_i 对符号发出不确定性的一种度量;b 是
指字母表 Σ 中的符号;$e_{M_i}(b)$ 表示在匹配状态 M_i 发出符号 b 的概率.
剖面隐马氏模型 λ 在每个匹配状态的总信息量按如下计算:

$$R_\lambda(M_i) = \log_2 |\Sigma| - H(M_i) \tag{3.3}$$

其中 $\log_2|\Sigma|$ 是指在每个匹配状态的最大不确定性. 整个 $R_\lambda(M_i)$ 值形成的曲线表示剖面隐马氏模型 λ 在各个匹配状态 M_i 发出符号的重要性. 标识图中每个匹配状态的符号高度通过在相应匹配状态上的符号发出概率乘以在相应匹配状态的总信息量确定：

$$\text{在匹配状态 } M_i \text{ 的符号 } b \text{ 的高度} = e_{M_i}(b)R_\lambda(M_i) \qquad (3.4)$$

每个符号的高度与其出现的概率成比例，最常出现的符号排在最上面，依次类推. 每列的高度表示剖面隐马氏模型在那个匹配状态的负平均信息量. 通过 Logos 图不仅能确定剖面隐马氏模型的共有序列，而且能得到剖面隐马氏模型在每个匹配状态符号发出的相对概率和负平均信息量(以比特位度量).

图 3-1 是 C2H2 锌指蛋白质序列家族的标识图[148].

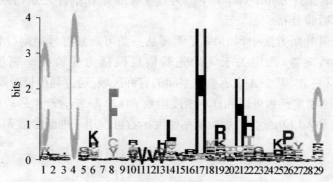

图 3-1　C2H2 锌指蛋白质序列家族的标识图

3.2　Baum-Welch 重估计(EM)算法的讨论

3.2.1　引入先验分布的参数贝叶斯重估计公式

隐马氏模型之所以被广泛应用的一个主要原因是存在比较有效的训练方法，其中最常用的方法是 Baum-Welch 重估计(EM)算法. Baum-Welch 重估计(EM)算法是假定隐马氏模型的参数固定但未知,这些参数的估计完全是从可观察符号序列(即训练序列/样本序列)获得,并不包括任何先验信息. 而在许多情况下,可得到隐马氏模型参数的先验信息,这些信息可以来自所考虑的问题或以前的实验(经验与历史资料). 在实际应用中,如果存在先验信息,那么我们希望将先验信息与样本信息结合起来用于推断隐马氏模型的参数. 众所周知,贝叶斯推断分析[149]为结合样本信息和先验信息提供了方便有效的方法.

在介绍贝叶斯方法之前,我们必须搞清楚两个概念:先验分布(Prior Distribution)和后验分布(Posterior Distribution). 先验分布是总体分布参数 θ 的一个概率分布;后验分布则是根据样本 X 的分布和 θ 的先验分布 $P(\theta)$,用求条件概率的方法计算在已知 $X = x$ 的条件下的 θ 的条件分布 $P(\theta \mid x)$,因为这个分布是在抽样之后得到的,所以称为后验分布.

在贝叶斯方法中,如果 λ 是需要从一条可观察符号序列 O 估计的未知参数向量,假定关于 λ 的先验信息概括为先验概率密度函数 $P(\lambda), \lambda \in \Lambda$,其中 Λ 表示参数空间的容许区域. 通过利用贝叶斯定理,先验概率密度函数可以和样本密度函数 $P(O \mid \lambda)$ 结合产生后验概率密度函数 $P(\lambda \mid O)$. 这样,后验概率密度函数可以用于推断参数 λ:

$$P(\lambda \mid O) = \frac{P(O \mid \lambda)P(\lambda)}{\int_{\Lambda} P(O \mid \lambda)P(\lambda)\mathrm{d}\lambda} \tag{3.5}$$

此外,如果有一个反映不正确估计的损失函数,那么,通常能获得参数 λ 的一个估计 $\tilde{\lambda}$ 以最小化后验期望损失. 此时,后验概率密度函数对应于 0-1 损失函数形式的结构通常被称为极大化一个后验(Maximum a Posteriori,简记为 MAP)估计. 特别地,当先验概率密度函数 $P(\lambda)$ 关于参数空间 Λ 是常数时,极大化一个后验估计等同于经典的极大似然估计.

下面我们将讨论离散隐马氏模型的极大化一个后验估计. 考虑

有 N 个状态的隐马氏模型 $\lambda = (\boldsymbol{\pi}, \boldsymbol{A}, \boldsymbol{B})$. 我们假定初始状态概率向量 $\boldsymbol{\pi}$、状态转移概率矩阵 $\boldsymbol{A}$ 和符号发出概率矩阵 $\boldsymbol{B}$ 之间的先验独立,那么 λ 的先验密度 $g(\lambda)$ 为:

$$g(\lambda) = g(\boldsymbol{\pi}) \cdot g(\boldsymbol{A}) \cdot g(\boldsymbol{B}) \tag{3.6}$$

我们取 $\boldsymbol{\pi}$ 的先验分布为 Dirichlet$(\eta_1, \eta_2, \cdots, \eta_N)$ 分布. 假定矩阵 $\boldsymbol{A} = (a_1, a_2, \cdots, a_N)'$ 的行向量间具有独立的先验分布,其中 $a_i = (a_{i1}, a_{i2}, \cdots, a_{iN})$, $i = 1, 2, \cdots, N$. 对任意的 i,我们取 a_i 的先验分布为 Dirichlet$(\eta_{i1}, \eta_{i2}, \cdots, \eta_{iN})$ 分布. 假定矩阵 $\boldsymbol{B} = (b_1, b_2, \cdots, b_N)'$ 的行向量间具有独立的先验分布,其中 $b_i = (b_i(1), b_i(2), \cdots, b_i(M))$, $i = 1, 2, \cdots, N$. 对任意的 i,我们取 b_i 的先验分布为 Dirichlet$(v_{i1}, v_{i2}, \cdots, v_{iM})$. 那么,$\lambda$ 的先验密度 $g(\lambda)$ 可表示为:

$$g(\lambda) = K_c \cdot \prod_{i=1}^{N} \left\{ \pi_i^{\eta_i - 1} \cdot \left(\prod_{j=1}^{N} a_{ij}^{\eta_{ij} - 1} \right) \cdot \left(\prod_{k=1}^{M} b_i^{v_{ik} - 1}(k) \right) \right\} \tag{3.7}$$

其中 K_c 是正规化因子;$\{\eta_i\}$、$\{\eta_{ij}\}$ 和 $\{v_{ik}\}$ 是分别分配给 $\boldsymbol{\pi}$、$\boldsymbol{A}$ 和 $\boldsymbol{B}$ 的先验概率密度函数的正的参数集以表示参数的先验信息;N 是模型的状态数;M 是离散符号集中的字母总数.

给定可观察符号序列 O 和先验密度 $g(\lambda)$,利用贝叶斯公式,隐马氏模型参数 λ 的 MAP 估计为:

$$\widetilde{\lambda} = \arg \max_{\lambda \in \Lambda} P(\lambda \mid O) = \arg \max_{\lambda \in \Lambda} \frac{P(O \mid \lambda) g(\lambda)}{P(O)} \tag{3.8}$$

由于现在的变量是不同的模型参数 λ,而可观察符号序列 O 是不变的. 因此,分母 $P(O)$ 是一个常量,那么使得 $\dfrac{P(O \mid \lambda) g(\lambda)}{P(O)}$ 最大的 λ 就是使得 $P(O \mid \lambda) g(\lambda)$ 最大的那个 λ,于是

$$\widetilde{\lambda} = \arg \max_{\lambda \in \Lambda} \frac{P(O \mid \lambda) g(\lambda)}{P(O)} = \arg \max_{\lambda \in \Lambda} P(O \mid \lambda) g(\lambda) \tag{3.9}$$

将它视为缺失数据问题,如 Dempster 等人[75]所解释的那样,EM 算

法可以很容易地被修改以产生这个 MAP 估计. 令 $y = (O, Q)$ 表示完整数据,其中 O 是可观察数据,Q 是缺失数据. 这儿,$O = o_1 o_2 \cdots o_T$ 表示可观察符号序列,$Q = q_1 q_2 \cdots q_T$ 表示不可观察的状态序列,那么完整数据的对数似然是

$$\log P(O, Q \mid \lambda) = \log \pi_{q_1} + \sum_{t=2}^{T} \log a_{q_{t-1} q_t} + \sum_{t=1}^{T} \log b_{q_t}(o_t)$$

$$(3.10)$$

定义辅助函数

$$R(\lambda, \widetilde{\lambda}) \triangleq Q(\lambda, \widetilde{\lambda}) + \log g(\widetilde{\lambda}) \qquad (3.11)$$

其中 $Q(\lambda, \widetilde{\lambda})$ 是极大似然估计 E 步的辅助函数(同第二章的(2.36)式),因此,

$$R(\lambda, \widetilde{\lambda}) = Q(\lambda, \widetilde{\lambda}) + \sum_{i=1}^{N} (\eta_i - 1) \log \widetilde{\pi}_i + \sum_{i=1}^{N} \sum_{j=1}^{N} (\eta_{ij} - 1) \log \widetilde{a}_{ij} +$$

$$\sum_{j=1}^{N} \sum_{k=1}^{M} (v_{jk} - 1) \log \widetilde{b}_j(k) + \log K_c$$

其中 K_c 仅仅是 $\{\eta_i\}$、$\{\eta_{ij}\}$ 和 $\{v_{jk}\}$ 的函数,不依赖于参数 $\widetilde{\lambda}$. 通过选择 $\widetilde{\lambda}$ 最大化 $R(\lambda, \widetilde{\lambda})$,3 个参数集 $\boldsymbol{\pi}$、$\boldsymbol{A}$ 和 $\boldsymbol{B}$ 的 EM 迭代式如下:

$$\widetilde{\pi}_i = \frac{d_i + \eta_i - 1}{\sum_{i=1}^{N} d_i + \sum_{i=1}^{N} \eta_i - N}, \ i = 1, 2, \cdots, N \qquad (3.12)$$

$$\widetilde{a}_{ij} = \frac{c_{ij} + \eta_{ij} - 1}{\sum_{j=1}^{N} c_{ij} + \sum_{j=1}^{N} \eta_{ij} - N}, \ i, j = 1, 2, \cdots, N \qquad (3.13)$$

$$\widetilde{b}_j(k) = \frac{e_{jk} + v_{jk} - 1}{\sum_{k=1}^{M} e_{jk} + \sum_{k=1}^{M} v_{jk} - M}, \ j = 1, 2, \cdots, N,$$

$$k = 1, 2, \cdots, M \tag{3.14}$$

严格地讲,上面 3 个式子必须满足下面 3 个条件:(1) $d_i + \eta_i > 1$;(2) $c_{ij} + \eta_{ij} > 1$;(3) $e_{jk} + v_{jk} > 1$. 若不满足条件(1)、(2)和(3),由于无法保证迭代过程的非负性,在实际应用时不能导出这些简单的公式.

如有多条可观察符号序列 $\{O_w\}_{w=1, \cdots, w}$,其中 $O_w = o_1^{(w)} o_2^{(w)} \cdots o_{T_w}^{(w)}$,要获得 λ 的 MAP 估计,我们仅需最大化 $g(\lambda) \prod\limits_{w=1}^{W} P(O_w \mid \lambda)$,其中 $P(O_w \mid \lambda)$ 如同前面的定义. EM 辅助函数将变为

$$R(\lambda, \widetilde{\lambda}) = \log g(\widetilde{\lambda}) + \sum_{w=1}^{W} E[\log P(O_w, Q_w \mid \widetilde{\lambda}) \mid O_w, \lambda] \tag{3.15}$$

其中 $\log P(O_w, Q_w \mid \widetilde{\lambda})$ 的定义如(3.10)式. 这样可导出下面的重估计公式:

$$\widetilde{\pi}_i = \frac{\sum\limits_{w=1}^{W} d_i^{(w)} + \eta_i - 1}{\sum\limits_{w=1}^{W} \sum\limits_{i=1}^{N} d_i^{(w)} + \sum\limits_{i=1}^{N} \eta_i - N}, \quad i = 1, 2, \cdots, N \tag{3.16}$$

$$\widetilde{a}_{ij} = \frac{\sum\limits_{w=1}^{W} c_{ij}^{(w)} + \eta_{ij} - 1}{\sum\limits_{w=1}^{W} \sum\limits_{j=1}^{N} c_{ij}^{(w)} + \sum\limits_{j=1}^{N} \eta_{ij} - N}, \quad i, j = 1, 2, \cdots, N \tag{3.17}$$

$$\widetilde{b}_j(k) = \frac{\sum\limits_{w=1}^{W} e_{jk}^{(w)} + v_{jk} - 1}{\sum\limits_{w=1}^{W} \sum\limits_{k=1}^{M} e_{jk}^{(w)} + \sum\limits_{k=1}^{M} v_{jk} - M}, \quad j = 1, 2, \cdots, N,$$
$$k = 1, 2, \cdots, M \tag{3.18}$$

其中每条可观察符号序列 O_w 的 $d_{jk}^{(w)}$,$c_{ij}^{(w)}$ 和 $e_i^{(w)}$ 同样可通过应用向

前算法/向后算法获得.

若所有的 $\{\eta_i\}$、$\{\eta_{ij}\}$ 和 $\{v_{jk}\}$ 均为 1,则隐马氏模型的 MAP 估计与 Baum-Welch 重估计(EM)算法完全一致. 因为 $\{\eta_i\}$、$\{\eta_{ij}\}$ 和 $\{v_{jk}\}$ 全为 1,表示参数 π、A 和 B 分别来自其参数空间上的均匀分布. 这是我们在无任何先验信息时,对被求参数分布问题的普遍假设.

隐马氏模型参数的 MAP 估计的具体实现步骤如下:

(1) 设置初值:给定一个初始模型参数 $\lambda^{(0)} = (\pi^{(0)}, A^{(0)}, B^{(0)})$.

(2) 根据向前算法/向后算法计算 $\{d_i\}$,$\{c_{ij}\}$ 和 $\{e_{jk}\}$ 的值.

(3) 迭代过程:把模型参数 $\lambda^{(n)} = (\pi^{(n)}, A^{(n)}, B^{(n)})$ 修改为 $\lambda^{(n+1)} = (\pi^{(n+1)}, A^{(n+1)}, B^{(n+1)})$,即

$$\pi_i^{(n+1)} = \frac{d_i + \eta_i - 1}{\sum_{i=1}^{N} d_i + \sum_{i=1}^{N} \eta_i - N}, \ i = 1, 2, \cdots, N \quad (3.19)$$

$$a_{ij}^{(n+1)} = \frac{c_{ij} + \eta_{ij} - 1}{\sum_{j=1}^{N} c_{ij} + \sum_{j=1}^{N} \eta_{ij} - N}, \ i, j = 1, 2, \cdots, N \quad (3.20)$$

$$b_j^{(n+1)}(k) = \frac{e_{jk} + v_{jk} - 1}{\sum_{k=1}^{M} e_{jk} + \sum_{k=1}^{M} v_{jk} - M}, \ j = 1, 2, \cdots, N,$$
$$k = 1, 2, \cdots, M \quad (3.21)$$

(4) 检验参数值是否收敛,若收敛则停止,否则转向第(2)步.

3.2.2　初始分布对参数优化影响的实际例子

根据 Baum-Welch 重估计(EM)算法,由训练数据得到剖面隐马氏模型参数时,一个重要问题就是初始模型的选取. 因为 Baum-Welch 重估计(EM)算法是一种基于最陡梯度下降的局部优化算法,往往只能求得局部最优值. 因此不同的初始模型将产生不同的训练结果. 下面我们以多重序列联配来说明算法受参数初始分布的影响.

我们使用高氧还势铁硫蛋白家族(High Potential Iron-sulfur

Protein Family)的长度分别为 70、81、70 和 72 的 4 条蛋白质序列 HPI2_ECTVA、HPIS_CHRVI、HPI1_ECTHA 和 HPIS_RHOGE 进行联配. 它们在 SWISSPROT 数据库中的检索号（Accession Number)分别是 P38524、P00260、P04168 和 P00265,图 3 - 2 是 4 条序列的 FASTA 格式显示.

```
>HPI2_ECTVA
ERLSEDDPAAQALEYRHDASSVQHQAYEEGQ'ICLNCLLYTDASAQDWGPCSVGPGKLVSA
NGWCTAWVAR
>HPIS_CHRVI
NAVAADNATAIALKYNQDATKSERVAAARPGLPPEEQHCADCQFMQADAAGATDEWKGCQ
LFPGKLINVNGWCASWTLKAG
>HPI1_ECTHA
PRAEDGHAHDYVNEAADASGHPRYQEGQLCENCAFWGEAVQDGWGRCTHPDFDEVLVKAE
GWCSVYAPAS
>HPIS_RHOGE
APVDEKNPQAVALGYVSDAAKADKAKYKQFVAGSHCGNCALFQGKATDAVGGCPLFAGKQ
VANKGWCSAWAK
```

图 3 - 2 欲联配的 4 条蛋白质序列

我们首先使用均匀分布产生剖面隐马氏模型的初始参数. 此时, 剖面隐马氏模型的主状态数 N 取为 4 条蛋白质序列长度的平均值, 即 $N = 73$. 剖面隐马氏模型的状态转移概率分别是：$a_{M_iM_{i+1}} = 1/3$, $a_{M_iI_i} = 1/3$, $a_{M_iD_{i+1}} = 1/3$, $i = 0, 1, \cdots, N-1$; $a_{I_iM_{i+1}} = 1/3$, $a_{I_iI_i} = 1/3$, $a_{I_iD_{i+1}} = 1/3$, $i = 0, 1, \cdots, N-1$; $a_{D_iM_{i+1}} = 1/3$, $a_{D_iI_i} = 1/3$, $a_{D_iD_{i+1}} = 1/3$, $i = 1, 2, \cdots, N-1$; $a_{M_NM_{N+1}} = 1/2$, $a_{M_NI_N} = 1/2$; $a_{I_NM_{N+1}} = 1/2$, $a_{I_NI_N} = 1/2$; $a_{D_NM_{N+1}} = 1/2$, $a_{D_NI_N} = 1/2$. 剖面隐马氏模型在匹配状态和插入状态的 20 种氨基酸的发出概率均是 0.05,即 $e_{M_i}(j) = 0.05$, $i = 1, 2, \cdots, N$, $1 \leqslant j \leqslant 20$; $e_{I_i}(j) = 0.05$, $i = 0, 1, \cdots, N$, $1 \leqslant j \leqslant 20$. 因为使用均匀分布作为剖面隐马氏模型的初始参数,因此程序每次运行的结果相同. 多重序列联配的结果如图 3 - 3 所示. 我们使用负对数似然得分作为多重序列联配的得分, 以前后两次负对数似然得分之差小于 0.01 作为停止准则,共进行了 30 次循环. 多重序列联配产生过程中每次迭代后的负对数似然得分如图 3 - 5 所示,并用"·"表示.

```
HPI2_ECTVA    E R L S E D D P - A    A Q A L E Y R H D    A S - S V - Q H P A
HPIS_CHRVI    N A V A A D N A T A    I A L K Y N Q D A T    K S E R V A A A R P
HPI1_ECTHA    P R A E D G - H - A    - H D - Y V N E A A    D A - S - - G H P R
HPIS_RHOGE    A P V D E K N P - Q    A V A L G Y V S D A    A K - A D - K A K Y

HPI2_ECTVA    Y - - E E G Q T C L    N C L L Y T D A - S    - A Q D W G P C S -
HPIS_CHRVI    G L P P E E Q V C A    D C Q F W G A D A A    G A T D E W K G C P
HPI1_ECTHA    Y - Q E G Q L C E N    C A F W G E A V - Q    - D G W G R C T H P
HPIS_RHOGE    K - Q F V A G S H C    G N C A L F Q G - K    - A T D A V G G C P

HPI2_ECTVA    V F P G K L V S A N    G W C - T - A - W V    A R
HPIS_CHRVI    L F P G K L I N V N    G W C A S - W T L K    A G
HPI1_ECTHA    D F D E V L V K A E    G W C - S V Y - A P    A S
HPIS_RHOGE    L F A G K Q V A N K    G W C - - - - A W A    K
```

图 3-3　使用均匀分布作为初始参数的多重序列联配结果

　　我们接着在剖面隐马氏模型主状态数保持不变的情况下,即 $N = 73$,使用随机分布产生剖面隐马氏模型的初始参数(其中包括初始状态转移概率和初始符号发出概率),共运行了 2 次程序,也就是得到了 2 种多重序列联配的结果. 在程序运行过程中,同样使用负对数似然得分作为多重序列联配的得分,停止准则的设置亦同均匀分布时一致. 通过跟踪程序的执行,第 1 次共进行了 23 次循环;第 2 次共进行了 30 次循环. 2 次多重序列联配的结果分别如图 3-4 的(Ⅰ)、(Ⅱ)所示. 各种多重序列联配产生过程中每次迭代后的负对数似然得分如图 3-5 所示,前后 2 次分别用"+"和"×"表示.

　　从图 3-5 我们可以看到负对数似然得分随着迭代的次数的增加而减少,由此可以验证 Baum-Welch 重估计(EM)算法总是往好的趋势发展. 从图 3-4 和图 3-5 我们显然可以看到对于不同的初始参数,所得的多重序列联配结果不同. 使用随机分布产生剖面隐马氏模型初始参数的多重序列联配结果有比均匀分布产生剖面隐马氏模型初始参数的多重序列联配结果好的,如图 3-4 的(Ⅱ);也有差的,如图 3-4 的(Ⅰ). 从而验证了 Baum-Welch 重估计(EM)算法只能求得局部最优值. 因此选取好的初始模型,使最后求出的局部最优值与全局最优值接近,是很有意义的. 但是,至今这个问题仍没有完美的答案,实际处理时都是采用一些经验方法. 下面一节我们将通过引入随机扰动的方法部分地解决这一问题.

```
HPI2_ECTVA   E R L S E D D P - A - A Q A L E Y R H D   A - S - S V Q - H P
HPIS_CHRVI   N A V A A D N A T A - I A L K Y N Q D A   T K S E R V A A A R
HPI1_ECTHA   P R A E D G - H - A - H D - Y V N E A A   D - A - S - G - H P
HPIS_RHOGE   A P V D E K N P - Q - A V A L G Y V S D A   A - K - A D K - A K

HPI2_ECTVA   A Y - - E E G Q T C   L N C L L Y T D A S   - - A Q D - W G P C
HPIS_CHRVI   P G L P P E E Q H C   A D C Q F M Q A D A   A G A T D E W K G C
HPI1_ECTHA   R Y - - Q E G Q L C   E N C A F W G E A V   - - Q D G W G R C T
HPIS_RHOGE   Y K - Q F V A G S H   C G N C A L F Q G K   - A T D A V G G C

HPI2_ECTVA   S V F P G K L V S -   A N G W C - T A - W V A R
HPIS_CHRVI   Q L F P G K L I N -   V N G W C A S W T L   K A G
HPI1_ECTHA   H P D F D E V L V K   A E G W C S V Y - A P A S
HPIS_RHOGE   P L F A G K - Q V -   A N K G W C S A - W A - K
```

(Ⅰ)

```
HPI2_ECTVA   E R L S E D D P - A - A Q A L E Y R H D   - A S - S V - Q H P
HPIS_CHRVI   N A V A A D N A T A - I A L K Y N Q D A   T K S E R V A A A R
HPI1_ECTHA   P R A E D G - H - A - H D - Y V N E A A   - D A - S - - G H P
HPIS_RHOGE   A P V D E K N P - Q - A V A L G Y V S D A   - A K - A D - K A K
HPI2_ECTVA   A Y - - E E G Q T C   L N C L L Y T D A   S - A Q D - W G P C
HPIS_CHRVI   P G L P P E E Q H C   A D C Q F M Q A D A   A G A T D E W K G C
HPI1_ECTHA   R Y - Q E G Q L C E   N C A F W G E A V -   Q - D G W G R C T H
HPIS_RHOGE   Y K - Q F V A G S H   C G N C A L F Q G -   K - A T D A V G G C

HPI2_ECTVA   S V F P G K L V S A   N G W C - T - A - W V A R
HPIS_CHRVI   Q L F P G K L I N V   N G W C A S - W T L   K A G
HPI1_ECTHA   P D F D E V L V K A   E G W C - S V Y - A P A S
HPIS_RHOGE   P L F A G K Q V A N   K G W C - S - - A W A K
```

(Ⅱ)

图 3 - 4   使用随机分布作为初始参数的 2 种多重序列联配结果

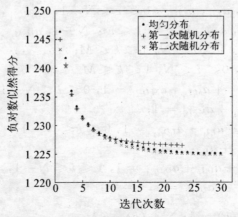

图 3 - 5   各种多重序列联配产生过程中的负对数似然得分图示

3.2.3 引入随机扰动的参数全局优化方法

为了避免 Baum-Welch 重估计(EM)算法中初值选取对参数估计结果的影响,基于模拟退火算法(Simulated Annealing Algorithm,简记为 SAA)的思想对参数估计加入随机扰动,使得解尽量的近似全局最优解. 模拟退火算法最初是由 Metropolis 在 1953 年提出的,后由 Kirkpatrick[150] 于 1983 年成功应用于组合最优化问题中. 该算法的基本思想是引入随机噪音,使得当观察点达到局部极值时,可以以一个小概率跳出局部极值的陷阱. 也就是指,在搜索最优解的过程中,模拟退火算法除了可以接受优化解外,还用到了一个随机接受准则(即 Metropolis 准则)来有限度地接受恶化解,并且接受恶化解的概率慢慢趋向于 0,这使得算法有可能从局部最优中跳出来,尽可能找到全局最优解,并保证了算法的收敛性.

我们的问题描述如下:根据一组可观察符号序列 $O = \{O^{(w)}\}$, $w = 1, 2, \cdots, W$,其中 $O^{(w)} = o_1^{(w)} o_2^{(w)} \cdots o_{T_w}^{(w)}$ 来估计剖面隐马氏模型的参数 λ,也就是在解空间

$$
\begin{aligned}
\Lambda = \Big\{ & a_{M_i M_{i+1}}, a_{M_i I_i}, a_{M_i D_{i+1}}, 0 \leqslant i \leqslant N-1, a_{M_N M_{N+1}}, a_{M_N I_N}; \\
& a_{I_i M_{i+1}}, a_{I_i I_i}, a_{I_i D_{i+1}}, 0 \leqslant i \leqslant N-1, a_{I_N M_{N+1}}, a_{I_N I_N}; \\
& a_{D_i M_{i+1}}, a_{D_i I_i}, a_{D_i D_{i+1}}, 1 \leqslant i \leqslant N-1, a_{D_N M_{N+1}}, a_{D_N I_N}; \\
& e_{M_i}(k), 1 \leqslant i \leqslant N, 1 \leqslant k \leqslant M; \\
& e_{I_i}(k), 0 \leqslant i \leqslant N, 1 \leqslant k \leqslant M \\
& \big| a_{M_i M_{i+1}} + a_{M_i I_i} + a_{M_i D_{i+1}} = 1, 0 \leqslant i \leqslant N-1, \\
& a_{M_N M_{N+1}} + a_{M_N I_N} = 1; \\
& a_{I_i M_{i+1}} + a_{I_i I_i} + a_{I_i D_{i+1}} = 1, 0 \leqslant i \leqslant N-1, \\
& a_{I_N M_{N+1}} + a_{I_N I_N} = 1; \\
& a_{D_i M_{i+1}} + a_{D_i I_i} + a_{D_i D_{i+1}} = 1, 1 \leqslant i \leqslant N-1, \\
& a_{D_N M_{N+1}} + a_{D_N I_N} = 1; \\
& \sum_{k=1}^{M} e_{M_i}(k) = 1; \sum_{k=1}^{M} e_{I_i}(k) = 1 \Big\}
\end{aligned} \tag{3.22}
$$

中求下列函数的最大值：

$$\log P(O \mid \lambda) = \sum_{w=1}^{W} \log P(O^{(w)} \mid \lambda) \qquad (3.23)$$

采用基于模拟退火算法的剖面隐马氏模型参数的优化算法框图描述如图 3-6 所示.

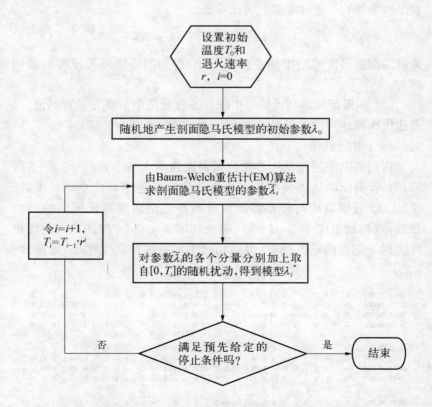

图 3-6　基于模拟退火算法的剖面隐马氏模型的优化算法

（1）设置模拟退火过程中的初始温度 $T_0(T_0 > 0)$ 以及退火速率 $r(r < 1)$，并令 $i = 0$；

（2）随机地产生剖面隐马氏模型的初始解 λ_0；

（3）由 Baum-Welch 重估计（EM）算法求剖面隐马氏模型的参数 $\tilde{\lambda}_i$；

（4）在 $[0, T_i]$ 按均匀分布产生相互独立的 $NM+9N+3$ 个随机变量 ξ_i，那么剖面隐马氏模型中的任一个参数（除了插入状态的符号发出概率外）x_i 通过增加小的扰动变为

$$x'_i = x_i + \xi_i,\ 1 \leqslant i \leqslant NM + 9N + 3 \qquad (3.24)$$

并对剖面隐马氏模型中的参数归一化，得到剖面隐马氏模型的新的解 λ_i^*.

（5）如果剖面隐马氏模型中的各参数变化小于预先设置的值，或者迭代次数达到预先设置的值，则停止训练；否则令 $i = i+1$，$T_i = T_{i-1} \cdot r^i$，并转到第（3）步.

我们仍旧使用高氧还势铁硫蛋白家族的 4 条序列（见图 3-2 所示）为例. 剖面隐马氏模型的主状态数依旧取为序列的平均长度，即 $N = 73$. 分别以均匀分布和随机分布产生剖面隐马氏模型的初始参数，取初始温度 $T_0 = 1000$，退火速率 $r = 0.1$，按图3-6的优化算法训练剖面隐马氏模型，得到相同的多重序列联配结果，如图 3-7 所示.

```
HPI2_ECTVA   E R L S E D D P - A - A Q A L E Y R H D   A S - S V - Q H P A
HPIS_CHRVI   N A V A A D N A T A   I A L K Y N Q D A T   K S E R V A A A R P
HPI1_ECTHA   P R A E D G - H - A - H D - Y V N E A A   D A - S G - - H P R
HPIS_RHOGE   A P V D E K N P Q A   V A L G Y V S D A A   K A - D K - A K Y K


HPI2_ECTVA   Y - - E E G Q T C L   N C L L Y T D A - S - A Q D W G P C S -
HPI_CHRVI    G L P P E E Q H C A   D C Q F M Q A D A A   G A T D E W K G C Q
HPI1_ECTHA   Y - Q E G Q L C E N   C A F W G E A V - Q - D G W G R C T H P
HPIS_RHOGE   Q - F V A G S H C G   N C A L F Q G K - A - T D A V G G C - P


HPI2_ECTVA   V F P G K L V S A N   G W C - T - A - W V   A R
HPIS_CHRVI   L F P G K L I N V N   G W C A S - W T L K   A G
HPI1_ECTHA   D F D E V L V K A E   G W C - S V Y - A P   A S
HPIS_RHOGE   L F A G K Q V A N K   G W C - S - - - A W   A K
```

图 3-7   基于模拟退火算法产生的多重序列联配结果

3.3 剖面隐马氏模型的拓扑构形优化

剖面隐马氏模型的拓扑构形优化就是指确定剖面隐马氏模型中的主状态数. 对于固定的主状态数,剖面隐马氏模型的状态转移的自由参数的个数是 $6N+1$,符号发出的自由参数的个数是 $2NM-2N+M-1$(由于剖面隐马氏模型的结构特点,初始状态的概率分布是确定的),那么整个剖面隐马氏模型的自由参数的个数是 $2NM+4N+M$,其中 N 是剖面隐马氏模型的主状态数,M 是字母表中可能发出的符号总数(对于核酸序列,$M=4$;对于蛋白质序列,$M=20$). 因此,剖面隐马氏模型的参数个数由主状态数完全确定. 因而在剖面隐马氏模型的主状态数被确定的情况下,整个剖面隐马氏模型的结构也被确定了. 我们在使用 Baum-Welch 重估计(EM)算法估计剖面隐马氏模型的参数时,均假设剖面隐马氏模型的主状态数 N 是已知的. 而在实际应用中经常会碰到主状态数是未知的情形. 本节我们将研究剖面隐马氏模型主状态数 N 如何选取的问题.

3.3.1 通过启发式确定和调整主状态数

假定我们有一个简单的多重序列联配,如图 3-8 所示.

```
V G A - - H
V - - - - N
V E A - - D
V K G - - -
I A G A D N
```

图 3-8 一个简单多重序列联配

如何从这个多重序列联配获得相应的剖面隐马氏模型? 我们首先需要选择剖面隐马氏模型的长度(也就是在模型中有多少个匹配状态?). 启发式(Heuristic)算法[51]是确定剖面隐马氏模型主状态数的最直接、最简单的方法. 它的基本思想是如果在多重序列联配的一

列中出现的字符总数与出现的空位总数的比值超过某一预先设定的
阈值 r，那么该列被指定为匹配状态，否则被指定为插入状态. 对于图
3 – 8 所示的多重序列联配，如果我们令阈值 $r = 1$，也就是将多重序
列联配中的字符数大于空位数的列指定为匹配状态. 那么，该多重序
列联配的第 1 列、第 2 列、第 3 列和第 6 列分别满足这个条件. 因此，
相应的剖面隐马氏模型的主状态数 N 确定为 4.

假定有 W 条来自同一家族的蛋白质序列 $O = \{O_w\}$，其中 $O_w = o_1^{(w)} o_2^{(w)} \cdots o_{T_w}^{(w)}$. 从这组序列，利用启发式算法确定和调整相应剖面隐
马氏模型的主状态数的具体过程如下：

（1）将剖面隐马氏模型的初始主状态数 N_0 设置为训练序列的平
均长度，即 $N_0 = \left(\sum\limits_{w=1}^{W} T_w \right) \Big/ W$，通过随机分布或均匀分布产生剖面隐
马氏模型的初始状态转移概率和符号发出概率的参数集 λ_0；

（2）使用 Baum-Welch 重估计（EM）算法训练该剖面隐马氏模
型，得到参数集 λ'；

（3）使用 Viterbi 动态规划算法得到蛋白质序列组 O 的多重序列
联配，根据该多重序列联配，使用启发式算法确定剖面隐马氏模型的
主状态数；

（4）得到主状态数 N 后，可由已联配序列利用极大似然估计计
算新剖面隐马氏模型的参数集 λ''，计算方法如下：

$$状态转移概率\ a_{kl} = \frac{A_{kl}}{\sum\limits_{j} A_{kj}}，符号发出概率\ e_k(b) = \frac{E_k(b)}{\sum\limits_{b'} E_k(b')}，$$

其中 $A_{kl} =$ 训练数据中从状态 k 转移到状态 l 的次数 $+ r_{kl}$，$E_k(b) =$ 训
练数据中从状态 k 发出符号 b 的次数 $+ r_k(b)$，r_{kl} 和 $r_k(b)$ 是先验
信息；

（5）若满足停止准则，则停止；否则，转到第（2）步.

3.3.2　通过极大化后验选择调整主状态数

从已知的多重序列联配构建剖面隐马氏模型，其主状态数的确

定实际上是为该多重序列联配的各个列标记匹配状态和插入状态的过程. 因此, 对于一个 L 列的多重序列联配而言, 共有 2^L 种可能的标记, 从而有 2^L 种不同的剖面隐马氏模型可供选择. 极大化后验构建算法[51]通过动态规划算法递归地标记多重序列联配的各个列, 从而确定剖面隐马氏模型的主状态数 N. 下面我们将说明如何使用极大化后验构建算法选择调整剖面隐马氏模型的主状态数.

假定有一个 L 列的多重序列联配 m. 为了研究的方便, 我们为多重序列联配加入了假想的第 0 列和第 $L+1$ 列, 并默认第 0 列和第 $L+1$ 列被标记为匹配状态. 令 $S_i(i=0, 1, \cdots, L+1)$ 表示对应于多重序列联配 m 的第 i 列到第 $L+1$ 列的最优剖面隐马氏模型的对数似然得分, 其中假定第 i 列被标记为匹配状态. 根据已知的 $S_j(i<j)$ 的值, 通过增加第 i 列到第 j 列间的可能的状态转移概率和符号发出概率的对数可得到 S_i 的值. 因为标记为匹配状态的第 i 列和第 j 列之间联配的状态转移计数和符号发出计数与第 i 列前和第 j 列后的那些列如何标记是独立的, 因此使得递归地使用动态规划算法成为可能. 由于未被标记为匹配状态的列的状态转移计数和符号发出计数与相邻列的标记并不独立, 而且在多重序列联配中, 单个插入状态可能占据不止一个联配列, 因而在整个递归过程中我们仅考虑标记为匹配状态的列. 那么, 通过极大化后验构建算法从多重序列联配 m 选择调整剖面隐马氏模型的主状态数 N 的具体过程描述如下:

(1) 初始化:
$$S_{L+1} = 0.0, \sigma_{L+1} = 0.$$

(2) 递归计算 $(i=L, L-1, \cdots, 2, 1)$:
$$S_i = \max_{0 \leqslant i < j \leqslant L+1} (S_j + T_{ij} + EM_i + EI_{i+1, j-1} + \log \delta);$$
$$\sigma_i = \arg\max_{0 \leqslant i < j \leqslant L+1}(S_j + T_{ij} + EM_i + EI_{i+1, j-1} + \log \delta).$$

(3) 终止:

$$S_0 = \max_{1 \leqslant j \leqslant L+1} (S_j + T_{0j} + EI_{1,j-1} + \log \delta);$$

$$\sigma_0 = \arg \max_{1 \leqslant j \leqslant L+1}(S_j + T_{0j} + EI_{1,\,j-1} + \log \delta).$$

(4) 匹配状态标记回溯：

1) 从 $i := \sigma_0$ 开始,标记第 i 列为匹配状态；

2) 令 $i := \sigma_i$；

3) 判断 i 是否为 0,若成立,则结束整个标记过程；否则标记第 i 列为匹配状态,并转到第(2)步.

其中 σ_i 是用于标记匹配状态回溯的指针；T_{ij} 表示标记为匹配状态的第 i 列和第 j 列间的所有可能的状态转移概率的对数之和：

$$T_{ij} = \sum_{x,\,y \in M,\,I,\,D} \log a_{xy}^{c_{xy}} = \sum_{x,\,y \in M,\,I,\,D} c_{xy} \log a_{xy},$$

c_{xy} 是观察到的从状态 x 转移到状态 y 的次数，a_{xy} 是从状态 x 转移到状态 y 的概率；EM_i 表示标记为匹配状态的第 i 列符号发出概率的对数之和；$EI_{i+1,\,j-1}(j-i>1)$ 表示第 $i+1$ 列到第 $j-1$ 列间的插入状态符号发出概率的对数之和；δ 是关于剖面隐马氏模型的主状态数的先验参数,位于区间 $[0.0, 1.0]$ 间. 如果希望剖面隐马氏模型的规模大一些,即主状态数 N 大一些,那么 δ 的值就设置得高一些；反之就设置得小一些. 新的剖面隐马氏模型接着根据标记后的多重序列联配建立,见 3.3.1(4).

3.3.3 关于调整主状态数的讨论

记可观察符号序列为 $O = o_1 o_2 \cdots o_T$,剖面隐马氏模型的主状态数待求,记为 N. 为了研究方便,我们记主状态数为 N 的剖面隐马氏模型的整个参数集为 $\lambda_N = (A_N, B_N)$,其中 A_N 是剖面隐马氏模型的状态转移概率集,B_N 是剖面隐马氏模型的符号发出概率集. 下面我们将分别讨论剖面隐马氏模型的这两个概率集. 我们记剖面隐马氏模型的开始(Begin)状态为 M_0,结束(End)状态为 M_{N+1},匹配状态为 $\{M_1, M_2, \cdots, M_N\}$,插入状态为 $\{I_0, I_1, \cdots, I_N\}$,缺失状态为 $\{D_1,$

$D_2, \cdots, D_N\}$.

剖面隐马氏模型 λ_N 的状态转移概率集 A_N 可分为：

(1) 从匹配状态出发的转移概率，记为 a_M：

$$a_M = \{a_{M_0 M_1}, a_{M_0 I_0}, a_{M_0 D_1}, a_{M_1 M_2}, a_{M_1 I_1}, a_{M_1 D_2}, \cdots, a_{M_N M_{N+1}}, a_{M_N I_N}\},$$

并满足 $a_{M_k M_{k+1}} + a_{M_k I_k} + a_{M_k D_{k+1}} = 1.0,\ k = 0, 1, \cdots, N-1$, $a_{M_N M_{N+1}} + a_{M_N I_N} = 1.0$；

(2) 从插入状态出发的转移概率，记为 a_I：

$$a_I = \{a_{I_0 M_1}, a_{I_0 I_0}, a_{I_0 D_1}, a_{I_1 M_2}, a_{I_1 I_1}, a_{I_1 D_2}, \cdots, a_{I_N M_{N+1}}, a_{I_N I_N}\},$$

并满足 $a_{I_k I_{k+1}} + a_{I_k I_k} + a_{I_k D_{k+1}} = 1.0,\ k = 0, 1, \cdots, N-1$, $a_{I_N M_{N+1}} + a_{I_N I_N} = 1.0$；

(3) 从缺失状态出发的转移概率，记为 a_D：

$$a_D = \{a_{D_1 M_2}, a_{D_1 I_1}, a_{D_1 D_2}, a_{D_2 M_3}, a_{D_2 I_2}, a_{D_2 D_3}, \cdots, a_{D_N M_{N+1}}, a_{D_N I_N}\},$$

并满足 $a_{D_k M_{k+1}} + a_{D_k I_k} + a_{D_k D_{k+1}} = 1.0,\ k = 1, 2, \cdots, N-1$, $a_{D_N M_{N+1}} + a_{D_N I_N} = 1.0$.

那么，剖面隐马氏模型的整个状态转移概率集 $A_N = (a_M, a_I, a_D)$.

剖面隐马氏模型的符号发出概率集 B_N 可分为：

(1) 匹配状态的符号发出概率，记为 $e_M = (e_{M_k}(i))_{N \times M}$，并满足 $\sum_{i=1}^{M} e_{M_k}(i) = 1.0,\ k = 1, 2, \cdots, N$；

(2) 插入状态的符号发出概率，记为 $e_I = (e_{I_k}(i))_{(N+1) \times M}$，并满足 $\sum_{i=1}^{M} e_{I_k}(i) = 1.0,\ k = 0, 1, \cdots, N$.

那么，剖面隐马氏模型的整个符号发出概率集 $B_N = (e_M, e_I)$.

假定增加一个主状态，那么相应地增加了一个匹配状态 $M(\varepsilon)$、一个插入状态 $I(\varepsilon)$ 和一个缺失状态 $D(\varepsilon)$. 记增加一个主状态后的剖面隐马氏模型为 $\lambda_{N+1}(\varepsilon) = (A_{N+1}, B_{N+1})$. 状态转移概率集 $A_{N+1} = (a_M(\varepsilon), a_I(\varepsilon), a_D(\varepsilon))$ 和符号发出概率集 $B_{N+1} = (e_M(\varepsilon), e_I(\varepsilon))$ 中

的元素分别设置为：

$$a_M(\varepsilon) = \{a_{M_0 M_1}(\varepsilon),\ a_{M_0 I_0}(\varepsilon),\ a_{M_0 D_1}(\varepsilon),$$
$$a_{M_1 M_2}(\varepsilon),\ a_{M_1 I_1}(\varepsilon),\ a_{M_1 D_2}(\varepsilon),\ \cdots,$$
$$a_{M_N M_{N+1}}(\varepsilon),\ a_{M_N I_N}(\varepsilon),\ a_{M_N M(\varepsilon)},$$
$$a_{M_N D(\varepsilon)},\ a_{M(\varepsilon) M_{N+1}},\ a_{M(\varepsilon) I(\varepsilon)}\},$$

$$a_I(\varepsilon) = \{a_{I_0 M_1}(\varepsilon),\ a_{I_0 I_0}(\varepsilon),\ a_{I_0 D_1}(\varepsilon),$$
$$a_{I_1 M_2}(\varepsilon),\ a_{I_1 I_1}(\varepsilon),\ a_{I_1 D_2}(\varepsilon),\ \cdots,$$
$$a_{I_N M_{N+1}}(\varepsilon),\ a_{I_N I_N}(\varepsilon),\ a_{I_N M(\varepsilon)},$$
$$a_{I_N D(\varepsilon)},\ a_{I(\varepsilon) M_{N+1}},\ a_{I(\varepsilon) I(\varepsilon)}\},$$

$$a_D(\varepsilon) = \{a_{D_1 M_2}(\varepsilon),\ a_{D_1 I_1}(\varepsilon),\ a_{D_1 D_2}(\varepsilon),$$
$$a_{D_2 M_3}(\varepsilon),\ a_{D_2 I_2}(\varepsilon),\ a_{D_2 D_3}(\varepsilon),\ \cdots,$$
$$a_{D_N M_{N+1}}(\varepsilon),\ a_{D_N I_N}(\varepsilon),\ a_{D_N M(\varepsilon)},\ a_{D_N D(\varepsilon)},$$
$$a_{D(\varepsilon) M_{N+1}},\ a_{D(\varepsilon) I(\varepsilon)}\},$$

其中 $a_{M_i M_{i+1}}(\varepsilon) = a_{M_i M_{i+1}}$，$a_{M_i I_i}(\varepsilon) = a_{M_i I_i}$，$a_{M_i D_{i+1}}(\varepsilon) = a_{M_i D_{i+1}}$，$i = 0$，$1, \cdots, N-1$，$a_{M_N M_{N+1}}(\varepsilon) = a_{M_N M_{N+1}} - \varepsilon$，$a_{M_N I_N}(\varepsilon) = a_{M_N I_N} - \varepsilon$，$a_{M_N M(\varepsilon)} = \varepsilon$，$a_{M_N D(\varepsilon)} = \varepsilon$，$a_{M(\varepsilon) M_{N+1}} = 1 - \varepsilon$，$a_{M(\varepsilon) I(\varepsilon)} = \varepsilon$；$a_{I_i M_{i+1}}(\varepsilon) = a_{I_i M_{i+1}}$，$a_{I_i I_i}(\varepsilon) = a_{I_i I_i}$，$a_{I_i D_{i+1}}(\varepsilon) = a_{I_i D_{i+1}}$，$i = 0, 1, \cdots, N-1$，$a_{I_N M_{N+1}}(\varepsilon) = a_{I_N M_{N+1}} - \varepsilon$，$a_{I_N I_N}(\varepsilon) = a_{I_N I_N} - \varepsilon$，$a_{I_N M(\varepsilon)} = \varepsilon$，$a_{I_N D(\varepsilon)} = \varepsilon$，$a_{I(\varepsilon) M_{N+1}} = 1 - \varepsilon$，$a_{I(\varepsilon) I(\varepsilon)} = \varepsilon$；$a_{D_i M_{i+1}}(\varepsilon) = a_{D_i M_{i+1}}$，$a_{D_i I_i}(\varepsilon) = a_{D_i I_i}$，$a_{D_i D_{i+1}}(\varepsilon) = a_{D_i D_{i+1}}$，$i = 1, 2, \cdots, N-1$，$a_{D_N M_{N+1}}(\varepsilon) = a_{D_N M_{N+1}} - \varepsilon$，$a_{D_N I_N}(\varepsilon) = a_{D_N I_N} - \varepsilon$，$a_{D_N M(\varepsilon)} = \varepsilon$，$a_{D_N D(\varepsilon)} = \varepsilon$，$a_{D(\varepsilon) M_{N+1}} = 1 - \varepsilon$，$a_{D(\varepsilon) I(\varepsilon)} = \varepsilon$.

新增匹配状态 $M(\varepsilon)$ 的符号发出概率 $e_{M(\varepsilon)}(i) = e_{M_N}(i)$，新增插入状态 $I(\varepsilon)$ 的符号发出概率 $e_{I(\varepsilon)}(i) = e_{I_N}(i)$，$i = 1, 2, \cdots, M$，其他状态的符号发出概率保持不变.

引理　对任意给定的 $\lambda_N = (A_N, B_N)$，存在 $\lambda_{N+1}(\varepsilon) = (A_{N+1}, B_{N+1})$，有

$$\lim_{\varepsilon \to 0} P(O \mid \lambda_{N+1}(\varepsilon)) = P(O \mid \lambda_N) \tag{3.24}$$

证明 根据剖面隐马氏模型的向前算法，我们可以迭代地计算 $P(O \mid \lambda_N)$ 的值，$P(O \mid \lambda_N)$ 的迭代过程为：

1) 初始化：$f_{M_0}(0) = 1$.

2) 递归计算：对于 $i = 1, 2, \cdots, T, k = 1, 2, \cdots, N$,

$$f_{M_k}(i) = e_{M_k}(o_i)\big[f_{M_{k-1}}(i-1)a_{M_{k-1}M_k} + $$
$$f_{I_{k-1}}(i-1)a_{I_{k-1}M_k} + f_{D_{k-1}}(i-1)a_{D_{k-1}M_k}\big];$$

$$f_{I_k}(i) = e_{I_k}(o_i)\big[f_{M_k}(i-1)a_{M_k I_k} + f_{I_k}(i-1)a_{I_k I_k} + $$
$$f_{D_k}(i-1)a_{D_k I_k}\big];$$

$$f_{D_k}(i) = f_{M_{k-1}}(i)a_{M_{k-1}D_k} + f_{I_{k-1}}(i)a_{I_{k-1}D_k} + f_{D_{k-1}}(i)a_{D_{k-1}D_k}.$$

3) 终止：

$$P(O \mid \lambda_N) = f_{M_N}(T)a_{M_N M_{N+1}} + f_{I_N}(T)a_{I_N M_{N+1}} + f_{D_N}(T)a_{D_N M_{N+1}}.$$

计算 $P(O \mid \lambda_{N+1}(\varepsilon))$ 的迭代过程在 $k = 1, 2, \cdots, N-1$ 时，与 $P(O \mid \lambda_N)$ 的迭代过程完全一致，只有当状态转移到新增状态时有所不同.

$$P(O \mid \lambda_{N+1}(\varepsilon)) = f_{M_N}(T)a_{M_N M_{N+1}}(\varepsilon) + f_{M(\varepsilon)}(T)a_{M(\varepsilon)M_{N+1}} + $$
$$f_{I_N}(T)a_{I_N M_{N+1}}(\varepsilon) + f_{I(\varepsilon)}(T)a_{I(\varepsilon)M_{N+1}} + $$
$$f_{D_N}(T)a_{D_N M_{N+1}}(\varepsilon) + f_{D(\varepsilon)}(T)a_{D(\varepsilon)M_{N+1}}$$
$$= f_{M_N}(T)(a_{M_N M_{N+1}} - \varepsilon) + f_{M(\varepsilon)}(T)a_{M(\varepsilon)M_{N+1}} + $$
$$f_{I_N}(T)(a_{I_N M_{N+1}} - \varepsilon) + f_{I(\varepsilon)}(T)a_{I(\varepsilon)M_{N+1}} + $$
$$f_{D_N}(T)(a_{D_N M_{N+1}} - \varepsilon) + f_{D(\varepsilon)}(T)a_{D(\varepsilon)M_{N+1}},$$

而对于 $i = 1, 2, \cdots, T$, 有

$$f_{M(\varepsilon)}(i) = e_{M(\varepsilon)}(i)(f_{M_N}(i-1)a_{M_N M(\varepsilon)} + $$
$$f_{I_N}(i-1)a_{I_N M(\varepsilon)} + f_{D_N}(i-1)a_{D_N M(\varepsilon)})$$
$$= e_{M_N}(i)(f_{M_N}(i-1)\varepsilon + f_{I_N}(i-1)\varepsilon + f_{D_N}(i-1)\varepsilon),$$

2005 年上海大学
博士学位论文

$$f_{I(\varepsilon)}(i) = e_{I(\varepsilon)}(i)(f_{M(\varepsilon)}(i-1)a_{M(\varepsilon)I(\varepsilon)} +$$
$$f_{I(\varepsilon)}(i-1)a_{I(\varepsilon)I(\varepsilon)} + f_{D(\varepsilon)}(i-1)a_{D(\varepsilon)I(\varepsilon)})$$
$$= e_{I_N}(i)(f_{M(\varepsilon)}(i-1)\varepsilon + f_{I(\varepsilon)}(i-1)\varepsilon + f_{D(\varepsilon)}(i-1)\varepsilon),$$
$$f_{D(\varepsilon)}(i) = f_{M_N}(i)a_{M_ND(\varepsilon)} + f_{I_N}(i)a_{I_ND(\varepsilon)} + f_{D_N}(i)a_{D_ND(\varepsilon)}$$
$$= f_{M_N}(i)\varepsilon + f_{I_N}(i)\varepsilon + f_{D_N}(i)\varepsilon.$$

当 $\varepsilon \to 0$ 时，$f_{M(\varepsilon)}(i) \to 0$，$f_{I(\varepsilon)}(i) \to 0$，$f_{D(\varepsilon)}(i) \to 0$. 因此，当 $\varepsilon \to 0$ 时，

$$P(O \mid \lambda_{N+1}(\varepsilon)) = f_{M_N}(T)a_{M_NM_{N+1}} + f_{I_N}(T)a_{I_NM_{N+1}} + f_{D_N}(T)a_{D_NM_{N+1}},$$

即 $\quad \lim\limits_{\varepsilon \to 0} P(O \mid \lambda_{N+1}(\varepsilon)) = P(O \mid \lambda_N).$

证毕.

下面我们通过一个定理说明剖面隐马氏模型的极大似然得分与模型的主状态数之间的关系.

定理　对于任意的 N，剖面隐马氏模型的极大似然得分 $P^*(O \mid \lambda_N)$ 是主状态数 N 的增函数.

证明　对于任意的 N 和 $P^*(O \mid \lambda_N)$，由引理可知，存在维数为 $N+1$ 的剖面隐马氏模型 $\lambda_{N+1}(\varepsilon) = (A_{N+1}, B_{N+1})$，使得

$$\lim\limits_{\varepsilon \to 0} P(O \mid \lambda_{N+1}(\varepsilon)) = P^*(O \mid \lambda_N).$$

对于 $N+1$，存在剖面隐马氏模型参数 λ_{N+1}，满足 $P^*(O \mid \lambda_{N+1}) = \max\limits_{\lambda_{N+1}} P(O \mid \lambda_{N+1})$，所以 $P^*(O \mid \lambda_{N+1}) \geqslant P(O \mid \lambda_{N+1}(\varepsilon))$. 从而可知 $P^*(O \mid \lambda_{N+1}) \geqslant P^*(O \mid \lambda_N)$，故 $P^*(O \mid \lambda_N)$ 是 N 的增函数.

证毕.

从上面的定理我们可以得出下面的结论：随着剖面隐马氏模型主状态数 N 的增加，数据的极大似然得分 $P^*(O \mid \lambda_N)$ 也随之增加，似乎具有大的主状态数的剖面隐马氏模型比具有小的主状态数的剖面隐马氏模型更能刻画给定的训练数据. 但是，这有可能会发生模型与数据的过度拟合，造成假象. 另一方面，随着剖面隐马氏模型主状

态数的增加,模型的自由参数的个数将大大增加,Baum-Welch 重估计(EM)算法的计算量也将大幅度增加. 这时就需要平衡剖面隐马氏模型的适应性与复杂性. 模型如何匹配数据? 我们一般使用似然得分作为数据与模型之间匹配程度的一种度量,但这对于模型的复杂性并不正确. 一个好的模型是尽可能地与数据匹配,同时具有较低的模型复杂度. 这个问题在 20 世纪 70 年代由 G. Schwarz[151] 解决,他定义了 BIC 值:

$$\text{BIC} = -2\log(\hat{L}) + K\log W \tag{3.25}$$

其中 $\hat{L}$ 是极大似然得分,$\hat{L} = \max\limits_{\lambda \in \Lambda} P(O \mid \lambda)$,$O$ 是给定的数据集,λ 是模型;K 是模型 λ 中欲估计的参数总数;W 表示数据集的大小. 如果一个模型有小的 BIC 值,那么这个模型比其他模型要好. 贝叶斯信息准则(Bayesian Information Criterion,简记为 BIC)的理论基础是贝叶斯理论(Bayesian Theory)中的积分拉普拉斯方法[143]. 基于贝叶斯信息准则模型选择过程的目的是在惩罚下修正模型的复杂度,以确定与给定数据集最匹配的模型. BIC 值是模型适应性与复杂性之间的平衡准则. 在主状态数 N 和字母表 V 中的符号总数 M 已知的条件下,剖面隐马氏模型的参数中独立的状态转移概率参数的个数为 $N \times 2 + 1 + N \times 2 + 1 + (N-1) \times 2 + 1$,即 $6N+1$;独立的符号发出概率参数的个数为 $(M-1) \cdot N + (M-1) \cdot (N+1)$. 那么剖面隐马氏模型的独立参数的个数是 $2NM + 4N + M$. 故在剖面隐马氏模型中,主状态数取为:

$$N^* = \underset{0 \leqslant N \leqslant I}{\arg\min} \{ -2\log P(O \mid \lambda_N) + \tag{3.26}$$
$$(2NM + 4N + M)\log W \}$$

其中 $O = \{O_w\}_{w=1}^W$,$O_w = o_1^{(w)} o_2^{(w)} \cdots o_{T_w}^{(w)}$,$I = \sum\limits_{w=1}^W T_w$.

3.3.4 实例比较

我们使用来自基准联配数据库 BALIBASE（Benchmark
Alignment Database）[152]中铁氧还蛋白家族（Ferredoxin Family）的
一个联配 2fxb_ref1[153]作为参考联配. 进行联配的蛋白质序列分别是
1clf、1fca、1blu、FER_BACSC 和 FER_BUTME，长度分别是 55、55、
63、59 和 55. 它们在 SWISSPROT 数据库中的检索号分别是 P00195、
P00198、P00208、Q45560 和 P14073. 图 3－9 是这些条序列的
FASTA[131]格式显示.

```
>1clf
AYKIADSCVSCGACASECPVNAISQGDSIFVIDADTCIDCGNCANVCPVGAPVQE
>1fca
AYVINEACISCGACEPECPVDAISQGGSRYVIDADTCIDCGACAGVCPVDAPVQA
>1blu
ALNITDECINCDVCEPECPNGAISQGDETYVIEPSLCTECVGHYETSQCVEVCPVDCIIKDPS
>FER_BACSC
AYVITEPCIGTKDASCVEVCPVDCIHEGEDQYYIDPDVCIDCGACEAVCPVSAIYHEDF
>FER_BUTME
AYKITDECIACGSCADQCPVEAISEGSIYEIDEALCTDCGACADQCPVEAIVPED
```

图 3－9 序列的 FASTA 格式显示

它们在 BALIBASE 中的联配结果如图 3－10 所示.

```
1clf       AYKIADSCVS CGA..CASEC PVNAISQGDS IFVIDADTCI DCG......N
1fca       AYVINEACIS CGA..CEPEC PVDAISQGGS RYVIDADTCI DCG......A
1blu       ALNITDECIN CDV..CEPEC PNGAISQGDE TYVIEPSLCT ECVGHYETSQ
FER_BACSC  AYVITEPCIG TKDASCVEVC PVDCIHEGED QYYIDPDVCI DCG......A
FER_BUTME  AYKITDECIA CGS..CADQC PVEAISEG.S IYEIDEALCT DCG......A

1clf       CANVCPVGAP VQE..
1fca       CAGVCPVDAP VQA..
1blu       CVEVCPVDCI IKDPS
FER_BACSC  CEAVCPVSAI YHEDF
FER_BUTME  CADQCPVEAI VPED.
```

图 3－10 5 条铁氧还蛋白序列在 BALIBASE 中的联配结果

为了对以上介绍的各种确定和调整剖面隐马氏模型主状态数的方
法进行比较，我们假定均从未联配的情况出发. 初始剖面隐马氏模型的
主状态数设为进行联配的序列的平均长度，状态转移概率和符号发出
概率均使用均匀分布产生. 程序实现的流程图如图 3－11 所示.

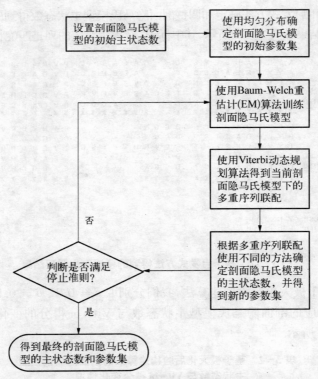

图 3-11 确定和调整剖面隐马氏模型主状态数的流程图

　　因为初始主状态数设置为序列的平均长度,那么各种方法的初始主状态数均是 57.首先我们看一下通过启发式方法确定和调整剖面隐马氏模型主状态数与 Viterbi 得分的变化情况,如表 3-1 所示.

表 3-1 基于启发式方法的剖面隐马氏模型主状态数与 Viterbi 得分变化情况

迭代次数	1	2	3	4	5
主状态数	57	56	56	56	56
Viterbi 得分	−1 461.736	−919.818	−895.477	−892.103	−892.103

使用启发式方法确定和调整剖面隐马氏模型主状态数得到的多重序列联配结果如图 3－12 所示,其中标记"X"表示对应的列是匹配状态.

```
1clf        A Y K I A D S C V S   C - - G A C A S E C   P V N A I S Q G D S
1fca        A Y V I N E A C I S   C - - G A C E P E C   P V D A I S Q G G S
1blu        A L M I T D E C I N   C - - D V C E P E C   P N G A I S Q G D E
FER_BACSC   A Y V I T E P C I G   T K D A S C V E V C   P V D C I H E G E D
FER_BUTME   A Y K I T D E C I A   C - - G S C A D Q C   P V E A I S E G - S
            X X X X X X X X X X   X   X X X X X X X   X X X X X X X X X X

1clf        I F V I D A D T C I   D C G N - - - - - -   C A N V C P V G A P
1fca        R Y V I D A D T C I   D C G A - - - - - -   C A G V C P V D A P
1blu        T Y V I E P S L C T   E C V G H Y E T S Q   C V E V C P V D C I
FER_BACSC   Q Y Y I D P D V C I   D C G A - - - - - -   C E A V C P V S A I
FER_BUTME   I Y E I D E A L C T   D C G A - - - - - -   C A D Q C P V E A I
            X X X X X X X X X X   X X X X             X X X X X X X X X X

1clf        V Q E - -
1fca        V Q A - -
1blu        I K D P S
FER_BACSC   Y H E D F
FER_BUTME   V P E - D
            X X X   X
```

图 3－12　基于启发式方法得到的多重序列联配结果

对于极大化后验构建算法,我们分别取 $\delta = 0.1$、$\delta = 0.3$ 和 $\delta = 0.5$,相应的剖面隐马氏模型主状态数与 Viterbi 得分的变化情况如表 3－2 所示.

**表 3－2　基于极大化后验构建算法的剖面隐马氏模型
主状态数与 Viterbi 得分变化情况**

(Ⅰ) $\delta = 0.1$

迭代次数	1	2	3	4
主状态数	57	53	53	53
Viterbi 得分	−1 461.736	−914.910	−893.102	−893.102

(Ⅱ) $\delta = 0.3$

迭代次数	1	2	3	4	5	6
主状态数	57	56	55	56	55	55
Viterbi 得分	−1 461.736	−919.818	−894.226	−894.256	−890.834	−890.834

（Ⅲ）δ = 0.5

迭代次数	1	2	3	4	5
主状态数	57	57	56	56	56
Viterbi 得分	−1 461.736	−921.418	−895.477	−892.103	−892.103

得到的多重序列联配结果如图 3 - 13 的（Ⅰ）、（Ⅱ）和（Ⅲ）所示.

```
1clf        A Y K I A D S C V S   C - - G A C A S E C   P V N A I S Q G D S
1fca        A Y V I N E A C I S   C - - G A C E P E C   P V D A I S Q G G S
1blu        A L M I T D E C I N   C - - D V C E P E C   P N G A I S Q G D E
FER_BACSC   A Y V I T E P C I G   T K D A S C V E V C   P V D C I H E G E D
FER_BUTME   A Y K I T D E C I A   C - - G S C A D Q C   P V E A I S E G - S
            X X X X X X X X X X     X X X X X X X   X X X X X X X X   X

1clf        I F V I D A D T C I   D C G N - - - - -   C A N V C P V G A P
1fca        R Y V I D A D T C I   D C G A - - - - -   C A G V C P V D A P
1blu        T Y V I E P S L C T   E C V G H Y E T S Q   C V E V C P V D C I
FER_BACSC   Q Y Y I D P D V C I   D C G A - - - - -   C E A V C P V S A I
FER_BUTME   I Y E I D E A L C T   D C G A - - - - -   C A D Q C P V E A I
            X X X X X X X X X X   X X X X                 X X X X X X X X X X

1clf        - V Q - - E
1fca        - V Q - - A
1blu        I K D P - S
FER_BACSC   - Y H E D F
FER_BUTME   - V P E - D
               X X
```

（Ⅰ）δ=0.1

```
1clf        A Y K I A D S C V S   C - - G A C A S E C   P V N A I S Q G D S
1fca        A Y V I N E A C I S   C - - G A C E P E C   P V D A I S Q G G S
1blu        A L M I T D E C I N   C - - D V C E P E C   P N G A I S Q G D E
FER_BACSC   A Y V I T E P C I G   T K D A S C V E V C   P V D C I H E G E D
FER_BUTME   A Y K I T D E C I A   C - - G S C A D Q C   P V E A I S E G - S
            X X X X X X X X X X   X     X X X X X X X   X X X X X X X X X X X

1clf        I F V I D A D T C I   D C G N - - - - -   C A N V C P V G A P
1fca        R Y V I D A D T C I   D C G A - - - - -   C A G V C P V D A P
1blu        T Y V I E P S L C T   E C V G H Y E T S Q   C V E V C P V D C I
FER_BACSC   Q Y Y I D P D V C I   D C G A - - - - -   C E A V C P V S A I
FER_BUTME   I Y E I D E A L C T   D C G A - - - - -   C A D Q C P V E A I
            X X X X X X X X X X X   X X X X               X X X X X X X X X X

1clf        V Q E _ _
1fca        V Q A _ _
1blu        I K D P S
FER_BACSC   Y H E D F
FER_BUTME   V P E - D
            X X X
```

（Ⅱ）δ=0.3

```
1clf       A Y K I A D S C V S   C - - G A C A S E C   P V N A I S Q G D S
1fca       A Y V I N E A C I S   C - - G A C E P E C   P V D A I S Q G G S
1blu       A L M I T D E C I N   C - - D V C E P E C   P N G A I S Q G D E
FER_BACSC  A Y V I T E P C I G   T K D A S C V E V C   P V D C I H E G E D
FER_BUTME  A Y K I T D E C I A   C - - G S C A D Q C   P V E A I S E G - S
           X X X X X X X X X X         X X X X X X X   X X X X X X X X X X

1clf       I F V I D A D T C I   D C G N - - - - - -   C A N V C P V G A P
1fca       R Y V I D A D T C I   D C G A - - - - - -   C A G V C P V D A P
1blu       T Y V I E P S L C T   E C V G H Y E T S Q   C V E V C P V D C I
FER_BACSC  Q Y Y I D P D V C I   D C G A - - - - - -   C E A V C P V S A I
FER_BUTME  I Y E I D E A L C T   D C G A - - - - - -   C A D Q C P V E A I
           X X X X X X X X X X   X X X X               X X X X X X X X X X

1clf       V Q E - -
1fca       V Q A - -
1blu       I K D P S
FER_BACSC  Y H E D F
FER_BUTME  V P E - D
           X X X
```

（Ⅲ）$\delta = 0.5$

图 3-13　基于极大化后验构建算法得到的多重序列联配结果

从表 3-1 和表 3-2 可以看到，因为都是从均匀分布的初始剖面隐马氏模型出发的，所以表格中第一次迭代的 Viterbi 得分均是 $-1\,461.736$. 从表 3-2 和图 3-13 可以看到，使用不同的 δ 值会得到不同的主状态数变化情况及不同的多重序列联配结果，而主状态数随着 δ 值的增大而增大. 根据 Viterbi 得分，在 $\delta = 0.3$ 时得到的剖面隐马氏模型最能刻画给定的铁氧还蛋白家族序列. 在 $\delta = 0.5$ 时得到的结果与启发式方法得到的结果一致.

对于不同的 δ 值，我们得到不同的剖面隐马氏模型（包括主状态数、状态转移概率和符号发出概率），那么究竟哪个剖面隐马氏模型是最佳的选择呢？我们使用 BIC 值作为选择的准则.

从图 3-14 我们可以看到，在主状态数为 55 时，BIC 值达到最小. 因此根

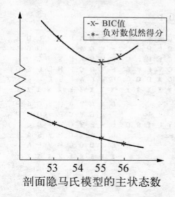

图例：
-X- BIC值
-*- 负对数似然得分

剖面隐马氏模型的主状态数
53　54　55　56

图 3-14　剖面隐马氏模型主状态数与 BIC 值、负对数似然得分关系图

据 BIC 准则选择 55 作为剖面隐马氏模型的主状态数最为合适，这与表 3-2 中根据 Viterbi 得分判断的结果是一致的.

3.4 本章小结

本章围绕着剖面隐马氏模型展开各方面的讨论.

（1）阐述了剖面隐马氏模型作为多重序列联配的统计框架和各种得分（负对数似然得分、Z-得分和对数差异比得分）的统计显著性.

（2）基于贝叶斯推断分析，在假设剖面隐马氏模型参数（包括状态转移概率和符号发出）的先验分布均为 Dirichlet 分布的前提，推导了贝叶斯 Baum-Welch 重估计（EM）算法公式：

1)
$$\tilde{\pi}_i = \frac{\sum\limits_{w=1}^{W} d_i^{(w)} + \eta_i - 1}{\sum\limits_{w=1}^{W} \sum\limits_{i=1}^{N} d_i^{(w)} + \sum\limits_{i=1}^{N} \eta_i - N};$$

2)
$$\tilde{a}_{ij} = \frac{\sum\limits_{w=1}^{W} c_{ij}^{(w)} + \eta_{ij} - 1}{\sum\limits_{w=1}^{W} \sum\limits_{j=1}^{N} c_{ij}^{(w)} + \sum\limits_{j=1}^{N} \eta_{ij} - N};$$

3)
$$\tilde{b}_j(k) = \frac{\sum\limits_{w=1}^{W} e_{jk}^{(w)} + v_{jk} - 1}{\sum\limits_{w=1}^{W} \sum\limits_{k=1}^{M} e_{jk}^{(w)} + \sum\limits_{k=1}^{M} v_{jk} - M}.$$

（3）用实际的例子说明了 Baum-Welch 重估计（EM）算法是一种局部优化算法，最终的剖面隐马氏模型的质量取决于初始参数值的选取.

（4）基于模拟退火算法的思想，在加入随机扰动的情况下，即 $x_i' = x_i + \xi_i$，验证初始解的随机选取对最终结果基本没有影响.

（5）对基于启发式方法和极大化后验构建算法确定和调整剖面隐马氏模型主状态数进行了比较研究. 用实例说明了贝叶斯信息准则

$$\text{BIC} = -2\log(\hat{L}) + K\log W$$

在选取主状态数时的有效性.

第四章　自适应剖面隐马氏模型

　　为了解决在第三章提到的关于剖面隐马氏模型训练算法的不足之处,我们提出了从数据能自动地估计参数和优化构形的一种方法——一个两阶段(参数和构形)交替优化的方法. 为了简化用语,我们称之为自适应剖面隐马氏模型(Self-Adapting Profile Hidden Markov Model,简记为 SAPHMM). 虽然这里我们所研究的隐马氏模型构形是剖面隐马氏模型(PHMM),但它不难推广到其他构形的隐马氏模型. 另外,国外已存在各种基于隐马氏模型的程序,而在国内到目前为止,就我们所知,还没有一套自行研制的可供实用的基于隐马氏模型的程序,因此我们开发了一套基于自适应剖面隐马氏模型解决生物信息学中各种主要问题的软件系统. 本章我们首先介绍了自适应剖面隐马氏模型两阶段优化公式;接着,我们给出了自适应剖面隐马氏模型的算法框图、并行实现过程以及使用指南;最后,我们将自适应剖面隐马氏模型软件应用于多重序列联配问题,并与国外现有软件进行了比较.

4.1　自适应剖面隐马氏模型的引入

4.1.1　隐马氏模型参数估计和拓扑构形两阶段优化

　　现有的隐马氏模型训练算法,如 Baum-Welch 重估计(EM)算法,在估计隐马氏模型参数时,都是假设隐马氏模型的状态数是已知的,并且在整个训练过程中保持不变. 但是,通过第三章对剖面隐马氏模型的训练算法和主状态数的分析比较,可以看到这显然不能使隐马氏模型尽可能好地刻画给定的序列数据. 因此,我们提出了自适应剖面隐马氏模型的概念,并开发了一个两阶段(参数和构形)交替优化的自适应剖面隐马氏模型程序. 它能从序列数据自动地优化剖面隐马氏模型的参数和拓扑构形.

我们记主状态数是 N 的剖面隐马氏模型为 M_N, 参数集为 λ_N(包括状态转移概率和符号发出概率), 训练序列数据集为 $O = \{O^{(w)}\}$, $w = 1, 2, \cdots, W$, 其中 T_w 表示训练序列数据 $O^{(w)}$ 的序列长度. 自适应剖面隐马氏模型两阶段优化的第一步是参数估计, 也就是指在主状态数 N 不变的情况下, 寻找 λ_N^*, 使得

$$
\begin{aligned}
\lambda_N^* &= \arg \max_{\lambda_N} P(\lambda_N \mid O, M_N) \\
&= \arg \max_{\lambda_N} \frac{P(O \mid \lambda_N, M_N) P(\lambda_N \mid M_N)}{\int P(O \mid \lambda_N, M_N) P(\lambda_N \mid M_N) \mathrm{d}\lambda_N}
\end{aligned} \tag{4.1}
$$

其中 $P(O \mid \lambda_N, M_N)$ 是训练序列数据集 O 的似然得分, $P(\lambda_N \mid M_N)$ 是参数集 λ_N 的先验分布. 关于 λ_N^* 的求解我们在第三章已作了分析研究.

自适应剖面隐马氏模型两阶段优化的第二步是构形优化, 也就是求 M_{N^*}, 使得

$$
\begin{aligned}
M_{N^*} &= \arg \max_{M_N} P(M_N \mid O) \\
&= \arg \max_{M_N} \frac{P(O \mid M_N) P(M_N)}{\int P(O \mid M_N) P(M_N) \mathrm{d}M_N}
\end{aligned} \tag{4.2}
$$

其中 $P(M_N)$ 是模型 M_N 的先验分布. 假定模型 M_N 的先验分布采用无信息先验分布, 由于 $P(M_N)$ 和 $\int P(O \mid M_N) P(M_N) \mathrm{d}M_N$ 都是常数, 因此, 有

$$
\begin{aligned}
P(M_N \mid O, \lambda_N) &\propto P(O \mid M_N) \\
&= \int P(O \mid M_N, \lambda_N) P(\lambda_N \mid M_N) \mathrm{d}\lambda_N
\end{aligned} \tag{4.3}
$$

因为 (4.3) 式的积分很难直接计算, 通常采用抽样的方法求积分, 如

Gibbs 抽样方法、MCMC(Markov Chain Monte Carlo)等方法. 同样也可以使用近似方法,如贝叶斯信息准则:

$$\text{BIC} = -2\log P(O \mid \lambda_N^*, M_N) + K_N \log W \qquad (4.4)$$

其中 K_N 是主状态数为 N 的剖面隐马氏模型中的自由参数数目,W 是训练序列数据集 O 的大小,$-\log P(O \mid \lambda_N^*, M_N)$ 表示训练序列数据集 O 在剖面隐马氏模型 M_N 下的极大负对数似然得分. 那么根据近似方法,使得 BIC 值最小的剖面隐马氏模型为最优的模型 M_{N^*},即

$$M_{N^*} = \arg\min_{M_N}\{-2\log P(O \mid \lambda_N^*, M_N) + K_N \log W\}. \qquad (4.5)$$

BIC 值、极大负对数似然得分 $-\log P(O \mid \lambda_N^*, M_N)$ 与修正项 $K_N \log W$ 之间的关系一般如图 4-1 所示.

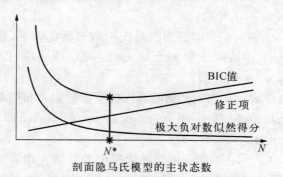

剖面隐马氏模型的主状态数

图 4-1　BIC 值、极大负对数似然得分和修正项之间的关系图

　　图中极大负对数似然得分是关于剖面隐马氏模型主状态数 N 的单调递减曲线,修正项是关于剖面隐马氏模型主状态数 N 的单调递增曲线,BIC 值是一条单峰曲线. BIC 值曲线的最小值,即图 4-1 中 BIC 值曲线上用"*"表示的点对应的主状态数 N^* 为最优的剖面隐马氏模型主状态数. 我们使用 BIC 值作为剖面隐马氏模型拓扑构形优化的判断准则. 下面我们分别给出单序列数据和多序列数据两阶段优化执行过程中使用到的各种算法公式.

4.1.2　单序列数据两阶段优化公式

我们首先给出单条训练序列数据的两阶段优化公式. 假定训练序列数据是 $O = o_1 o_2 \cdots o_T$，其中 T 表示序列的长度. 自适应剖面隐马氏模型的主状态数是 N，状态空间 $E = \{M_0, M_1, \cdots, M_{N+1}; I_0, I_1, \cdots, I_N; D_1, D_2, \cdots, D_N\}$，其中 $M_0 = \text{Begin}$，$M_{N+1} = \text{End}$（参见图 2-4）. 我们首先需要定义下面一些变量：

令 $f_{M_k}(t)$ 表示在当前剖面隐马氏模型参数集 λ 下，观察到部分序列 $o_1 o_2 \cdots o_t$，并结束于第 k 个匹配状态 M_k 的概率，即 $f_{M_k}(t) = P(o_1 o_2 \cdots o_t, q_t = M_k \mid \lambda)$；

令 $f_{I_k}(t)$ 表示在当前剖面隐马氏模型参数集 λ 下，观察到部分序列 $o_1 o_2 \cdots o_t$，并结束于第 k 个插入状态 I_k 的概率，即 $f_{I_k}(t) = P(o_1 o_2 \cdots o_t, q_t = I_k \mid \lambda)$；

令 $f_{D_k}(t)$ 表示在当前剖面隐马氏模型参数集 λ 下，观察到部分序列 $o_1 o_2 \cdots o_t$，并结束于第 k 个缺失状态 D_k 的概率，即 $f_{D_k}(t) = P(o_1 o_2 \cdots o_t, q_t = D_k \mid \lambda)$；

令 $b_{M_k}(t)$ 表示在当前剖面隐马氏模型参数集 λ 和第 k 个匹配状态 M_k 下，观察到部分序列 $o_{t+1} o_{t+2} \cdots o_T$ 的概率，即 $b_{M_k}(t) = P(o_{t+1} o_{t+2} \cdots o_T \mid q_t = M_k, \lambda)$；

令 $b_{I_k}(t)$ 表示在当前剖面隐马氏模型参数集 λ 和第 k 个插入状态 I_k 下，观察到部分序列 $o_{t+1} o_{t+2} \cdots o_T$ 的概率，即 $b_{I_k}(t) = P(o_{t+1} o_{t+2} \cdots o_T \mid q_t = I_k, \lambda)$；

令 $b_{D_k}(t)$ 表示在当前剖面隐马氏模型参数集 λ 和第 k 个缺失状态 D_k 下，观察到部分序列 $o_{t+1} o_{t+2} \cdots o_T$ 的概率，即 $b_{D_k}(t) = P(o_{t+1} o_{t+2} \cdots o_T \mid q_t = D_k, \lambda)$；

令 $v_{M_k}(t)$ 表示在当前剖面隐马氏模型参数集 λ 下，模型与部分序列 $o_1 o_2 \cdots o_t$ 联配，并结束于第 k 个匹配状态 M_k 的最佳状态路径 $q_1^* q_2^* \cdots q_j^* (j \geqslant t)$ 的概率，即 $v_{M_k}(t) = P(q_1^* q_2^* \cdots q_j^*, o_1 o_2 \cdots o_t \mid q_j^* = M_k, \lambda)$；

令 $v_{I_k}(t)$ 表示在当前剖面隐马氏模型参数集 λ 下,模型与部分序列 $o_1 o_2 \cdots o_t$ 联配,并结束于第 k 个插入状态 I_k 的最佳状态路径 $q_1^* q_2^* \cdots q_j^* (j \geqslant t)$ 的概率,即 $v_{I_k}(t) = P(q_1^* q_2^* \cdots q_j^*, o_1 o_2 \cdots o_t \mid q_j^* = I_k, \lambda)$;

令 $v_{D_k}(t)$ 表示在当前剖面隐马氏模型参数集 λ 下,模型与部分序列 $o_1 o_2 \cdots o_t$ 联配,并结束于第 k 个缺失状态 D_k 的最佳状态路径 $q_1^* q_2^* \cdots q_j^* (j \geqslant t)$ 的概率,即 $v_{D_k}(t) = P(q_1^* q_2^* \cdots q_j^*, o_1 o_2 \cdots o_t \mid q_j^* = D_k, \lambda)$.

(1) 单序列自适应剖面隐马氏模型的向前算法公式:

Step1:初始化

$$f_{M_0}(0) = 1, \ f_{M_0}(t) = 0, \ t = 1, 2, \cdots, T+1, \ f_{I_0}(0) = 0.$$

Step2:递归计算 $\quad t = 1, 2, \cdots, T, \ k = 1, 2, \cdots, N$

$$f_{M_k}(t) = e_{M_k}(o_t)[f_{M_{k-1}}(t-1)a_{M_{k-1}M_k} + f_{I_{k-1}}(t-1)a_{I_{k-1}M_k} + f_{D_{k-1}}(t-1)a_{D_{k-1}M_k}],$$

$$f_{I_k}(t) = e_{I_k}(o_t)[f_{M_k}(t-1)a_{M_k I_k} + f_{I_k}(t-1)a_{I_k I_k} + f_{D_k}(t-1)a_{D_k I_k}],$$

$$f_{D_k}(t) = f_{M_{k-1}}(t)a_{M_{k-1}D_k} + f_{I_{k-1}}(t)a_{I_{k-1}D_k} + f_{D_{k-1}}(t)a_{D_{k-1}D_k}.$$

Step3:终止

$$f_{M_{N+1}}(T+1) = f_{M_N}(T)a_{M_N M_{N+1}} + f_{I_N}(T)a_{I_N M_{N+1}} + f_{D_N}(T)a_{D_N M_{N+1}},$$

其中 $f_{M_{N+1}}(T+1)$ 是训练序列数据 O 在当前剖面隐马氏模型参数集 λ 下的概率,即 $P(O \mid \lambda) = f_{M_{N+1}}(T+1)$.

(2) 单序列自适应剖面隐马氏模型的向后算法公式:

Step1:初始化

$$b_{M_{N+1}}(T+1) = 1, \ b_{M_N}(T) = a_{M_N M_{N+1}},$$
$$b_{I_N}(T) = a_{I_N M_{N+1}}, \ b_{D_N}(T) = a_{D_N M_{N+1}}.$$

Step2：递归计算　$t=T-1, T-2, \cdots, 1, k=N-1, N-2, \cdots, 1$

$$b_{M_k}(t) = b_{M_{k+1}}(t+1)a_{M_k M_{k+1}}e_{M_{k+1}}(o_{t+1}) +$$
$$b_{I_k}(t+1)a_{M_k I_k}e_{I_k}(o_{t+1}) + b_{D_{k+1}}(t)a_{M_k D_{k+1}},$$

$$b_{I_k}(t) = b_{M_{k+1}}(t+1)a_{I_k M_{k+1}}e_{M_{k+1}}(o_{t+1}) +$$
$$b_{I_k}(t+1)a_{I_k I_k}e_{I_k}(o_{t+1}) + b_{D_{k+1}}(t)a_{I_k D_{k+1}},$$

$$b_{D_k}(t) = b_{M_{k+1}}(t+1)a_{D_k M_{k+1}}e_{M_{k+1}}(o_{t+1}) +$$
$$b_{I_k}(t+1)a_{D_k I_k}e_{I_k}(o_{t+1}) + b_{D_{k+1}}(t)a_{D_k D_{k+1}}.$$

Step3：终止

$$b_{M_0}(0) = b_{M_1}(1)a_{M_0 M_1}e_{M_1}(o_1) + b_{I_0}(1)a_{M_0 I_0}e_{I_0}(o_1) +$$
$$b_{D_1}(0)a_{M_0 D_1},$$

其中 $b_{M_0}(0)$ 也可作为训练序列数据 O 在当前剖面隐马氏模型参数集 λ 下的概率，即 $P(O \mid \lambda) = b_{M_0}(0)$.

（3）单序列自适应剖面隐马氏模型的 Baum-Welch 重估计（EM）算法公式：

Step1：确定剖面隐马氏模型的初始参数值（包括模型的主状态数、状态转移概率和符号发出概率）.

Step2：对于 $k=1, 2, \cdots, N, t=1, 2, \cdots, T$，使用向前算法计算 $f_{M_k}(t)$、$f_{I_k}(t)$ 和 $f_{D_k}(t)$ 的值，使用向后算法计算 $b_{M_k}(t)$、$b_{I_k}(t)$ 和 $b_{D_k}(t)$ 的值.

Step3：分别计算符号发出期望次数和状态转移期望次数：

$$E_{M_k}(b) = \frac{1}{P(O \mid \lambda)}\sum_{t|O_t=b}f_{M_k}(t)b_{M_k}(t) + r_{M_k}(b),$$

$$E_{I_k}(b) = \frac{1}{P(O \mid \lambda)}\sum_{t|o_t=b}f_{I_k}(t)b_{I_k}(t) + r_{I_k}(b),$$

$$A_{X_k M_{k+1}} = \frac{1}{P(O \mid \lambda)}\sum_t f_{X_k}(t)a_{X_k M_{k+1}}e_{M_{k+1}}(o_{t+1})b_{M_{k+1}}(t+1) + r_{X_k M_{k+1}},$$

$$A_{X_k I_k} = \frac{1}{P(O \mid \lambda)} \sum_t f_{X_k}(t) a_{X_k I_k} e_{I_k}(o_{t+1}) b_{I_k}(t+1) + r_{X_k I_k},$$

$$A_{X_k D_{k+1}} = \frac{1}{P(O \mid \lambda)} \sum_t f_{X_k}(t) a_{X_k D_{k+1}} b_{D_{k+1}}(t) + r_{X_k D_{k+1}},$$

其中 $r_{M_k}(b)$、$r_{I_k}(b)$、$r_{X_k M_{k+1}}$、$r_{X_k I_k}$ 和 $r_{X_k D_{k+1}}$ 是关于剖面隐马氏模型参数集的先验信息. 使用极大似然方法计算新的模型参数：

$$e_k(b) = \frac{E_k(b)}{\sum\limits_{b'} E_k(b')}, \quad a_{kl} = \frac{A_{kl}}{\sum\limits_{l'} A_{kl'}}.$$

Step4：计算剖面隐马氏模型在新的参数集下的负对数似然得分，如果前后两次的负对数似然得分之差小于某一预先设定的阈值，或者迭代次数达到预先设定的最大迭代次数时停止；否则转到 Step2.

(4) 单序列自适应剖面隐马氏模型的 Viterbi 动态规划算法公式：

Step1：初始化

$$v_{M_0}(0) = 1.$$

Step2：递归计算　　$t = 1, 2, \cdots, T, \ k = 1, 2, \cdots, N$

$$v_{M_k}(t) = e_{M_k}(o_t) \max \begin{cases} v_{M_{k-1}}(t-1) a_{M_{k-1} M_k} \\ v_{I_{k-1}}(t-1) a_{I_{k-1} M_k} \\ v_{D_{k-1}}(t-1) a_{D_{k-1} M_k} \end{cases},$$

$$v_{I_k}(t) = e_{I_k}(o_t) \max \begin{cases} v_{M_k}(t-1) a_{M_k I_k} \\ v_{I_k}(t-1) a_{I_k I_k} \\ v_{D_k}(t-1) a_{D_k I_k} \end{cases},$$

$$v_{D_k}(t) = \max \begin{cases} v_{M_{k-1}}(t) a_{M_{k-1} D_k} \\ v_{I_{k-1}}(t) a_{I_{k-1} D_k} \\ v_{D_{k-1}}(t) a_{D_{k-1} D_k} \end{cases}.$$

Step3：终止

$$v_{M_{N+1}}(T+1) = \max \begin{cases} v_{M_N}(T)a_{M_N M_{N+1}} \\ v_{I_N}(T)a_{I_N M_{N+1}} \\ v_{D_N}(T)a_{D_N M_{N+1}} \end{cases},$$

$$q_1^* = \underset{\{M_N,I_N,D_N\}}{\arg\max} \begin{cases} v_{M_N}(T)a_{M_N M_{N+1}} \\ v_{I_N}(T)a_{I_N M_{N+1}} \\ v_{D_N}(T)a_{D_N M_{N+1}} \end{cases}$$

Step4：路径（最佳状态序列）回溯（$q_o^* = M_{N+1}$）

$$t = T-1,\ T-2,\ \cdots,\ 1,$$
$$k = N-1,\ N-2,\ \cdots,\ 1,\ l = 2,\ 3,\ \cdots,\ L$$

如果 $q_l^* = M_k$，那么

$$q_{l+1}^* = \underset{\{M_{k-1},I_{k-1},D_{k-1}\}}{\arg\max} \begin{cases} v_{M_{k-1}}(t-1)a_{M_{k-1}M_k} \\ v_{I_{k-1}}(t-1)a_{I_{k-1}M_k} \\ v_{D_{k-1}}(t-1)a_{D_{k-1}M_k} \end{cases},$$

如果 $q_l^* = I_k$，那么

$$q_{l+1}^* = \underset{\{M_k,I_k,D_k\}}{\arg\max} \begin{cases} v_{M_k}(t-1)a_{M_k I_k} \\ v_{I_k}(t-1)a_{I_k I_k} \\ v_{D_k}(t-1)a_{D_k I_k} \end{cases},$$

如果 $q_l^* = D_k$，那么

$$q_{l+1}^* = \underset{\{M_{k-1},I_{k-1},D_{k-1}\}}{\arg\max} \begin{cases} v_{M_{k-1}}(t)a_{M_{k-1}D_k} \\ v_{I_{k-1}}(t)a_{I_{k-1}D_k} \\ v_{D_{k-1}}(t)a_{D_{k-1}D_k} \end{cases}$$

那么 $v_{M_{N+1}}(T+1)$ 是训练序列数据 O 在当前剖面隐马氏模型参数集 λ 下的最佳状态路径 $Q^* = q_0^* q_1^* \cdots q_L^*$ 的概率，即 $P(Q^*, O \mid \lambda) = v_{M_{N+1}}(T+1)$.

4.1.3 多序列数据两阶段优化公式

在实际应用中,训练一个剖面隐马氏模型经常是用到不止一条训练序列数据,例如蛋白质序列家族等.那么,对于 W 条符号序列数据训练自适应剖面隐马氏模型时,要对相应的算法加以修改.

设有 W 条训练序列数据集为 $O = \{O^{(w)}\}$,其中 $O^{(w)} = o_1^{(w)} o_2^{(w)} \cdots o_{T_w}^{(w)}$,$T_w$ 表示训练序列数据 $O^{(w)}$ 的序列长度.假定各条训练序列数据相互独立,此时

$$P(O \mid \lambda) = \prod_{w=1}^{W} P(O^{(w)} \mid \lambda) \tag{4.6}$$

为了避免计算出的概率值 $P(O \mid \lambda)$ 太小,一般总是用 $\log P(O \mid \lambda)$ 代替.因此,我们在对数空间给出剖面隐马氏模型的两阶段优化公式.假定自适应剖面隐马氏模型的主状态数是 N.我们需要定义下面一些变量:

令 $F_{M_k}^{(w)}(t)$ 表示在当前剖面隐马氏模型参数集 λ 下,观察到第 w 条序列的部分序列 $o_1^{(w)} o_2^{(w)} \cdots o_t^{(w)}$,并结束于第 k 个匹配状态 M_k 的对数似然得分,即 $F_{M_k}^{(w)}(t) = \log P(o_1^{(w)} o_2^{(w)} \cdots o_t^{(w)}, q_t = M_k \mid \lambda)$;

令 $F_{I_k}^{(w)}(t)$ 表示在当前剖面隐马氏模型参数集 λ 下,观察到第 w 条序列的部分序列 $o_1^{(w)} o_2^{(w)} \cdots o_t^{(w)}$,并结束于第 k 个插入状态 I_k 的对数似然得分,即 $F_{I_k}^{(w)}(t) = \log P(o_1^{(w)} o_2^{(w)} \cdots o_t^{(w)}, q_t = I_k \mid \lambda)$;

令 $F_{D_k}^{(w)}(t)$ 表示在当前剖面隐马氏模型参数集 λ 下,观察到第 w 条序列的部分序列 $o_1^{(w)} o_2^{(w)} \cdots o_t^{(w)}$,并结束于第 k 个缺失状态 D_k 的对数似然得分,即 $F_{D_k}^{(w)}(t) = \log P(o_1^{(w)} o_2^{(w)} \cdots o_t^{(w)}, q_t = D_k \mid \lambda)$;

令 $B_{M_k}^{(w)}(t)$ 表示在当前剖面隐马氏模型参数集 λ 和第 k 个匹配状态 M_k 下,观察到第 w 条序列的部分序列 $o_{t+1}^{(w)} o_{t+2}^{(w)} \cdots o_{T_w}^{(w)}$ 的对数似然得分,即 $B_{M_k}^{(w)}(t) = \log P(o_{t+1}^{(w)} o_{t+2}^{(w)} \cdots o_{T_w}^{(w)} \mid q_t = M_k, \lambda)$;

令 $B_{I_k}^{(w)}(t)$ 表示在当前剖面隐马氏模型参数集 λ 和第 k 个插入状态 I_k 下,观察到第 w 条序列的部分序列 $o_{t+1}^{(w)} o_{t+2}^{(w)} \cdots o_{T_w}^{(w)}$ 的对数似然得分,即 $B_{I_k}^{(w)}(t) = \log P(o_{t+1}^{(w)} o_{t+2}^{(w)} \cdots o_{T_w}^{(w)} \mid q_t = I_k, \lambda)$;

　　令 $B_{D_k}^{(w)}(t)$ 表示在当前剖面隐马氏模型参数集 λ 和第 k 个缺失状态 D_k 下，观察到第 w 条序列的部分序列 $o_{t+1}^{(w)} o_{t+2}^{(w)} \cdots o_{T_w}^{(w)}$ 的对数似然得分，即 $B_{D_k}^{(w)}(t) = \log P(o_{t+1}^{(w)} o_{t+2}^{(w)} \cdots o_{T_w}^{(w)} \mid q_t = D_k, \lambda)$；

　　令 $V_{M_k}^{(w)}(t)$ 表示在当前剖面隐马氏模型参数集 λ 下，模型与第 w 条序列的部分序列 $o_1^{(w)} o_2^{(w)} \cdots o_t^{(w)}$ 联配，并结束于第 k 个匹配状态 M_k 的最佳状态路径 $q_1^{*(w)} q_2^{*(w)} \cdots q_j^{*(w)} (j \geq t)$ 的对数似然得分，即 $V_{M_k}^{(w)}(t) = \log P(q_1^{*(w)} q_2^{*(w)} \cdots q_j^{*(w)}, o_1^{(w)} o_2^{(w)} \cdots o_t^{(w)} \mid q_j^{*(w)} = M_k, \lambda)$；

　　令 $V_{I_k}^{(w)}(t)$ 表示在当前剖面隐马氏模型参数集 λ 下，模型与第 w 条序列的部分序列 $o_1^{(w)} o_2^{(w)} \cdots o_t^{(w)}$ 联配，并结束于第 k 个插入状态 I_k 的最佳状态路径 $q_1^{*(w)} q_2^{*(w)} \cdots q_j^{*(w)} (j \geq t)$ 的对数似然得分，即 $V_{I_k}^{(w)}(t) = \log P(q_1^{*(w)} q_2^{*(w)} \cdots q_j^{*(w)}, o_1^{(w)} o_2^{(w)} \cdots o_t^{(w)} \mid q_j^{*(w)} = I_k, \lambda)$；

　　令 $V_{D_k}^{(w)}(t)$ 表示在当前剖面隐马氏模型参数集 λ 下，模型与第 w 条序列的部分序列 $o_1^{(w)} o_2^{(w)} \cdots o_t^{(w)}$ 联配，并结束于第 k 个缺失状态 D_k 的最佳状态路径 $q_1^{*(w)} q_2^{*(w)} \cdots q_j^{*(w)} (j \geq t)$ 的对数似然得分，即 $V_{D_k}^{(w)}(t) = \log P(q_1^{*(w)} q_2^{*(w)} \cdots q_j^{*(w)}, o_1^{(w)} o_2^{(w)} \cdots o_t^{(w)} \mid q_j^{*(w)} = D_k, \lambda)$.

　　（1）多序列自适应剖面隐马氏模型的向前算法公式：$w = 1$, 2, $\cdots$, W

　　Step1：初始化　　$F_{M_0}^{(w)}(0) = 0$. $F_{M_0}^{(w)}(t) = -\infty$, $t = 1, 2, \cdots, T_w$, $F_{I_0}^{(w)}(0) = -\infty$.

　　Step2：递归计算　　$t = 1, 2, \cdots, T_w$, $k = 1, 2, \cdots, N$

$$F_{M_k}^{(w)}(t) = \log e_{M_k}(o_t^{(w)}) + \log \left[a_{M_{k-1} M_k} \exp(F_{M_{k-1}}^{(w)}(t-1)) + \right.$$
$$\left. a_{I_{k-1} M_k} \exp(F_{I_{k-1}}^{(w)}(t-1)) + a_{D_{k-1} M_k} \exp(F_{D_{k-1}}^{(w)}(t-1)) \right],$$

$$F_{I_k}^{(w)}(t) = \log e_{I_k}(o_t^{(w)}) + \log \left[a_{M_k I_k} \exp(F_{M_k}^{(w)}(t-1)) + \right.$$
$$\left. a_{I_k I_k} \exp(F_{I_k}^{(w)}(t-1)) + a_{D_k I_k} \exp(F_{D_k}^{(w)}(t-1)) \right],$$

$$F_{D_k}^{(w)}(t) = \log \left[a_{M_{k-1} D_k} \exp(F_{M_{k-1}}^{(w)}(t)) + a_{I_{k-1} D_k} \exp(F_{I_{k-1}}^{(w)}(t)) + \right.$$
$$\left. a_{D_{k-1} D_k} \exp(F_{D_{k-1}}^{(w)}(t)) \right].$$

　　Step3：终止

$$F_{M_{N+1}}^{(w)}(T_w+1) = a_{M_N M_{N+1}} \exp(F_{M_N}^{(w)}(T_w)) +$$
$$a_{I_N M_{N+1}} \exp(F_{I_N}^{(w)}(T_w)) + a_{D_N M_{N+1}} \exp(F_{D_N}^{(w)}(T_w)).$$

其中 $F_{M_{N+1}}^{(w)}(T_w+1)$ 是训练序列数据 $O^{(w)}$ 在当前剖面隐马氏模型参数集 λ 下的对数似然得分,即 $\log P(O^{(w)} \mid \lambda) = F_{M_{N+1}}^{(w)}(T_w+1)$. 那么,
$$\log P(O \mid \lambda) = \sum_{w=1}^{W} \log P(O^{(w)} \mid \lambda).$$

(2) 多序列自适应剖面隐马氏模型的向后算法公式: $w=1,$ $2, \cdots, W$

Step1:初始化 $B_{M_{N+1}}^{(w)}(T_w+1) = 0$, $B_{M_N}^{(w)}(T_w) = \log a_{M_N M_{N+1}}$,
$$B_{I_N}^{(w)}(T_w) = \log a_{I_N M_{N+1}}, \quad B_{D_N}^{(w)}(T_w) = \log a_{D_N M_{N+1}}.$$

Step2:递归计算 $t = T_{w-1}, T_{w-2}, \cdots, 1$, $k = N-1, N-2, \cdots, 1$

$$B_{M_k}^{(w)}(t) = \log (\exp(B_{M_{k+1}}^{(w)}(t+1)) a_{M_k M_{k+1}} e_{M_{k+1}}(o_{t+1}^{(w)}) +$$
$$\exp(B_{I_k}^{(w)}(t+1)) a_{M_k I_k} e_{I_k}(o_{t+1}^{(w)}) + \exp(B_{D_{k+1}}^{(w)}(t)) a_{M_k D_{k+1}}),$$
$$B_{I_k}^{(w)}(t) = \log (\exp(B_{M_{k+1}}^{(w)}(t+1)) a_{I_k M_{k+1}} e_{M_{k+1}}(o_{t+1}^{(w)}) +$$
$$\exp(B_{I_k}^{(w)}(t+1)) a_{I_k I_k} e_{I_k}(o_{t+1}^{(w)}) + \exp(B_{D_{k+1}}^{(w)}(t)) a_{I_k D_{k+1}}),$$
$$B_{D_k}^{(w)}(t) = \log (\exp(B_{M_{k+1}}^{(w)}(t+1)) a_{D_k M_{k+1}} e_{M_{k+1}}(o_{t+1}^{(w)}) +$$
$$\exp(B_{I_k}^{(w)}(t+1)) a_{D_k I_k} e_{I_k}(o_{t+1}^{(w)}) + \exp(B_{D_{k+1}}^{(w)}(t)) a_{D_k D_{k+1}}).$$

Step3:终止
$$B_{M_0}^{(w)}(0) = B_{M_1}^{(w)}(1) a_{M_0 M_1} e_{M_1}(o_1) +$$
$$B_{I_0}^{(w)}(1) a_{M_0 I_0} e_{I_0}(o_1) + B_{D_1}^{(w)}(0) a_{M_0 D_1}$$

其中 $B_{M_0}^{(w)}(0)$ 也可作为训练序列数据 $O^{(w)}$ 在当前剖面隐马氏模型参数集 λ 下的对数似然得分,即 $\log P(O^{(w)} \mid \lambda) = B_{M_0}^{(w)}(0)$. 那么,
$$\log P(O \mid \lambda) = \sum_{w=1}^{W} \log P(O^{(w)} \mid \lambda).$$

(3) 多序列自适应剖面隐马氏模型的 Baum-Welch 重估计(EM)

算法公式：

Step1：确定剖面隐马氏模型的初始参数值（包括模型的主状态数、状态转移概率和符号发出概率）.

Step2：对于 $w = 1, 2, \cdots, W$, $k = 1, 2, \cdots, N$, $t = 1, 2, \cdots, T_w$，使用向前算法计算 $F_{M_k}^{(w)}(t)$、$F_{I_k}^{(w)}(t)$ 和 $F_{D_k}^{(w)}(t)$ 的值，使用向后算法计算 $B_{M_k}^{(w)}(t)$、$B_{I_k}^{(w)}(t)$ 和 $B_{D_k}^{(w)}(t)$ 的值.

Step3：分别计算各条训练序列数据在当前剖面隐马氏模型下的符号发出期望次数和状态转移期望次数：

$$
\begin{aligned}
E_{M_k}^{(w)}(b) &= \frac{1}{P(O^{(w)} \mid \lambda)} \sum_{t \mid o_t^{(w)} = b} \exp(F_{M_k}^{(w)}(t)) \cdot \exp(B_{M_k}^{(w)}(t)) \\
&= \frac{1}{P(O^{(w)} \mid \lambda)} \sum_{t \mid o_t^{(w)} = b} \exp(F_{M_k}^{(w)}(t) + B_{M_k}^{(w)}(t)),
\end{aligned}
$$

$$
\begin{aligned}
E_{I_k}^{(w)}(b) &= \frac{1}{P(O^{(w)} \mid \lambda)} \sum_{t \mid o_t^{(w)} = b} \exp(F_{I_k}^{(w)}(t)) \cdot \exp(B_{I_k}^{(w)}(t)) \\
&= \frac{1}{P(O^{(w)} \mid \lambda)} \sum_{t \mid o_t^{(w)} = b} \exp(F_{I_k}^{(w)}(t) + B_{I_k}^{(w)}(t)),
\end{aligned}
$$

$$
\begin{aligned}
A_{X_k M_{k+1}}^{(w)} &= \frac{1}{P(O^{(w)} \mid \lambda)} \sum_{t} \exp(F_{X_k}^{(w)}(t)) a_{X_k M_{k+1}} e_{M_{k+1}}(o_{t+1}^{(w)}) \exp(B_{M_{k+1}}^{(w)}(t+1)) \\
&= \frac{1}{P(O^{(w)} \mid \lambda)} \sum_{t} a_{X_k M_{k+1}} e_{M_{k+1}}(o_{t+1}^{(w)}) \exp(F_{X_k}^{(w)}(t) + B_{M_{k+1}}^{(w)}(t+1)),
\end{aligned}
$$

$$
\begin{aligned}
A_{X_k I_k}^{(w)} &= \frac{1}{P(O^{(w)} \mid \lambda)} \sum_{t} \exp(F_{X_k}^{(w)}(t) a_{X_k I_k} e_{I_k}(o_{t+1}^{(w)}) \exp(B_{I_k}^{(w)}(t+1)) \\
&= \frac{1}{P(O^{(w)} \mid \lambda)} \sum_{t} a_{X_k I_k} e_{I_k}(o_{t+1}^{(w)}) \exp(F_{X_k}^{(w)}(t) + B_{I_k}^{(w)}(t+1)),
\end{aligned}
$$

$$
\begin{aligned}
A_{X_k D_{k+1}}^{(w)} &= \frac{1}{P(O^{(w)} \mid \lambda)} \sum_{t} \exp(F_{X_k}^{(w)}(t)) a_{X_k D_{k+1}} \exp(B_{D_{k+1}}^{(w)}(t)) \\
&= \frac{1}{P(O^{(l)})} \sum_{i} a_{X_k D_{k+1}} \exp(F_{X_k}^{(l)}(i) + B_{D_{k+1}}^{(l)}(i)).
\end{aligned}
$$

对于整个训练序列数据集 $O^{(1)}, O^{(2)}, \cdots, O^{(W)}$，计算

$$E_{M_k}(b) = \sum_w E_{M_k}^{(w)}(b) + r_{M_k}(b),$$

$$E_{I_k}(b) = \sum_w E_{I_k}^{(w)}(b) + r_{I_k}(b),$$

$$A_{X_k M_{k+1}} = \sum_w A_{X_k M_{k+1}}^{(w)} + r_{X_k M_{k+1}},$$

$$A_{X_k I_k} = \sum_w A_{X_k I_k}^{(w)} + r_{X_k I_k},$$

$$A_{X_k D_{k+1}} = \sum_w A_{X_k D_{k+1}}^{(w)} + r_{X_k D_{k+1}}.$$

其中 $r_{M_k}(b)$、$r_{I_k}(b)$、$r_{X_k M_{k+1}}$、$r_{X_k I_k}$ 和 $r_{X_k D_{k+1}}$ 是关于剖面隐马氏模型参数集的先验信息. 使用极大似然方法计算新的模型参数:

$$e_k(b) = \frac{E_k(b)}{\sum_{b'} E_k(b')}, \ a_{kl} = \frac{A_{kl}}{\sum_{l'} A_{kl'}}.$$

Step4: 检验参数值是否收敛, 若收敛则停止, 否则转到 Step2.

剖面隐马氏模型的对数似然得分 $\log P(O \mid \lambda)$ 随着迭代次数的增加而增加, 并收敛于局部最大值. 为了跳出局部最大值, 对符号发出概率和状态转移概率加入随机扰动, 即 $e'_k(b) = e_k(b) + \xi_k(b)$, $a'_{kl} = a_{kl} + \xi_{kl}$, 再分别将 $e'_k(b)$ 和 a'_{kl} 归一化.

(4) 多序列自适应剖面隐马氏模型的 Viterbi 动态规划算法公式 $(w = 1, 2, \cdots, W)$:

Step1: 初始化　$V_{M_0}^{(w)}(0) = 0$.

Step2: 递归计算　对于 $t = 1, 2, \cdots, T_w$, $k = 1, 2, \cdots, N$

$$V_{M_k}^{(w)}(t) = \log e_{M_k}(o_t^{(w)}) + \max \begin{cases} V_{M_{k-1}}^{(w)}(t-1) + \log a_{M_{k-1} M_k} \\ V_{I_{k-1}}^{(w)}(t-1) + \log a_{I_{k-1} M_k}, \\ V_{D_{k-1}}^{(w)}(t-1) + \log a_{D_{k-1} M_k} \end{cases}$$

$$V_{I_k}^{(w)}(t) = \log e_{I_k}(o_t^{(w)}) + \max \begin{cases} V_{M_k}^{(w)}(t-1) + \log a_{M_k I_k} \\ V_{I_k}^{(w)}(t-1) + \log a_{I_k I_k}, \\ V_{D_k}^{(w)}(t-1) + \log a_{D_k I_k} \end{cases}$$

$$V_{D_k}^{(w)}(t) = \max \begin{cases} V_{M_{k-1}}^{(w)}(t) + \log a_{M_{k-1}D_k} \\ V_{I_{k-1}}^{(w)}(t) + \log a_{I_{k-1}D_k} \\ V_{D_{k-1}}^{(w)}(t) + \log a_{D_{k-1}D_k} \end{cases}.$$

Step3：终止

$$V_{M_{N+1}}^{(w)}(T_w+1) = \max \begin{cases} V_{M_N}^{(w)}(T_w) + \log a_{M_N M_{N+1}} \\ V_{I_N}^{(w)}(T_w) + \log a_{I_N M_{N+1}} \\ V_{D_N}^{(w)}(T_w) + \log a_{D_N M_{N+1}} \end{cases},$$

$$q_1^{(w)*} = \arg \max_{\{M_N, I_N, D_N\}} \begin{cases} V_{M_N}^{(w)}(T_w) + \log a_{M_N M_{N+1}} \\ V_{I_N}^{(w)}(T_w) + \log a_{I_N M_{N+1}} \\ V_{D_N}^{(w)}(T_w) + \log a_{D_N M_{N+1}} \end{cases}.$$

Step4：路径（最佳状态序列）回溯（$q_0^{(w)*} = M_{N+1}$）

对于 $t = T_{w-1}, T_{w-2}, \cdots, 1, k = N-1, N-2, \cdots, 1, l = 2, 3, \cdots, L$

如果 $q_l^{(w)*} = M_k$，那么

$$q_{l+1}^{(w)*} = \arg \max_{\{M_{k-1}, I_{k-1}, D_{k-1}\}} \begin{cases} V_{M_{k-1}}^{(w)}(t-1) + \log a_{M_{k-1}M_k} \\ V_{I_{k-1}}^{(w)}(t-1) + \log a_{I_{k-1}M_k} \\ V_{D_{k-1}}^{(w)}(t-1) + \log a_{D_{k-1}M_k} \end{cases};$$

如果 $q_l^{(w)*} = I_k$，那么

$$q_{l+1}^{(w)*} = \arg \max_{\{M_k, I_k, D_k\}} \begin{cases} V_{M_k}^{(w)}(t-1) + \log a_{M_k I_k} \\ V_{I_k}^{(w)}(t-1) + \log a_{I_k I_k} \\ V_{D_k}^{(w)}(t-1) + \log a_{D_k I_k} \end{cases};$$

如果 $q_l^{(w)*} = D_k$，那么

$$q_{l+1}^{(w)*} = \arg \max_{\{M_{k-1}, I_{k-1}, D_{k-1}\}} \begin{cases} V_{M_{k-1}}^{(w)}(t) + \log a_{M_{k-1}D_k} \\ V_{I_{k-1}}^{(w)}(t) + \log a_{I_{k-1}D_k} \\ V_{D_{k-1}}^{(w)}(t) + \log a_{D_{k-1}D_k} \end{cases}.$$

那么，$V_{M_{N+1}}^{(w)}(T_w+1)$ 是训练序列数据 $O^{(w)}$ 在当前剖面隐马氏模型参数集 λ 下的最佳状态路径 $Q^{*(w)} = q_0^{*(w)} q_1^{*(w)} \cdots q_{L_w}^{*(w)}$ 的对数似然得分，即 $\log P(Q^{*(w)}, O^{(w)} \mid \lambda) = V_{M_{N+1}}^{(w)}(T_w+1)$.

4.2 自适应剖面隐马氏模型软件

4.2.1 自适应剖面隐马氏模型的算法框图

自适应剖面隐马氏模型的算法框图如图 4-2 所示.

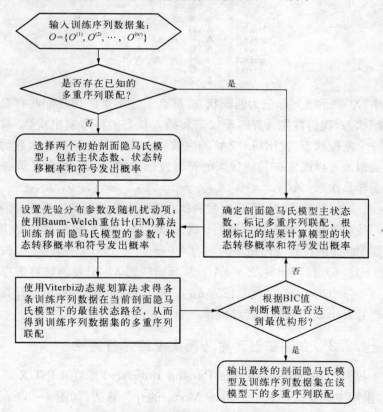

图 4-2 自适应剖面隐马氏模型算法框图

由于 BIC 值是单峰函数，因此我们可以使用标准的优化方法确定 BIC 的判别值和主状态数；然后，分别为相同残基和不同残基赋值，计算多重序列联配每列的得分；接着从得分最大的列开始标记多重序列联配直至满足所要求的主状态数；最后，根据标记好的多重序列联配，计算状态转移概率和符号发出概率. 下面我们通过一个简单的例子来说明如何根据标记好的多重序列联配计算状态转移概率和符号发出概率. 假定有如下一个标记好的小的 DNA 序列多重序列联配：

```
        X  X  .  .  .  X
bat     A  G  —  —  —  C
rat     A  —  A  G  —  C
cat     A  G  —  A  A  —
gnat    —  —  A  A  A  C
goat    A  G  —  —  —  C
        1  2           3
```

其中"X"表示该列标记为匹配状态. 那么上述多重序列联配共有三个匹配状态，我们首先计算匹配状态和插入状态的符号发出次数. 对于第一个匹配状态，发出符号"A"的次数是 4，发出其他符号的次数均为 0. 类似地可以确定在其他状态的符号发出次数. 接着，我们计算各种状态转移次数，$A_{M_0 M_1} = 4$，$A_{M_0 I_0} = 0$，$A_{M_0 D_1} = 1$，…，$A_{D_3 M_4} = 1$，$A_{D_3 I_3} = 0$. 然后将符号发出次数和状态转移次数分别转换为相应的概率，我们使用伪计数方法以避免 0 概率，即为每个频率加 1. 那么，在第 1 个匹配状态的符号发出概率为 $e_{M_1}(A) = (4 + 1)/(4 + 4) = 0.625$，$e_{M_1}(B) = 0.125$，$B \in \Sigma - \{A\}$. 从开始状态 M_0 出发的转移概率为 $a_{M_0 M_1} = 0.625$，$A_{M_0 I_0} = 0.125$，$a_{M_0 D_1} = 0.25$. 依次类推，可以计算其他符号发出概率和状态转移概率.

4.2.2　自适应剖面隐马氏模型的并行实现

我们使用 MPI（Message Passing Interface）库在 LINUX 环境下，采用主从模式（Master-Slave Mode）的并行算法（如图 4-3 所示，假定共有 N 台计算机可供并行使用，即共有 N 个进程）结合 C 语言实现自适应隐马氏模型的并行化. 采用 MPI 库的主要原因是 MPI 库具有功能强大、性能高、适应面广、使用方便和可扩展性好等优点. 但是使用 MPI 库时,进程数不能动态改变.

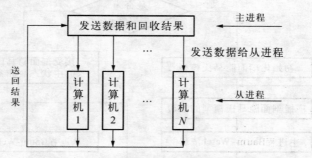

图 4 - 3 主从模式的 MPI 程序设计示意图

对于自适应剖面隐马氏模型的并行实现,在主进程中得到训练序列数据集和剖面隐马氏模型的参数(包括主状态数、状态转移概率和符号发出概率),并将训练序列数据集进行分块,接着分别发送给各从进程,同时将剖面隐马氏模型的参数广播到进程域. 而在从进程中进行剖面隐马氏模型的参数训练,将训练后得到的剖面隐马氏模型的参数返回给主进程. 按照上述过程进行迭代,得到最终的剖面隐马氏模型和训练序列数据集的多重序列联配结果. 自适应剖面隐马氏模型并行实现的流程图如图 4 - 4 所示.

其中主进程 Baum-Welch 流程如图 4 - 5 所示.

从进程 Baum-Welch 流程如图 4 - 6 所示.

主进程 Viterbi 流程如图 4 - 7 所示.

从进程 Viterbi 流程如图 4 - 8 所示.

在自适应剖面隐马氏模型并行实现过程中,主要涉及以下变量: N 为自适应剖面隐马氏模型的主状态数; $nseq$ 为训练序列数据总数; tf 为自适应剖面隐马氏模型的状态转移概率; $matf$ 为自适应剖面隐马氏模型在匹配状态的符号发出概率; $insf$ 为自适应剖面隐马氏模型在插入状态的符号发出概率; tsc 为自适应剖面隐马氏模型的状态

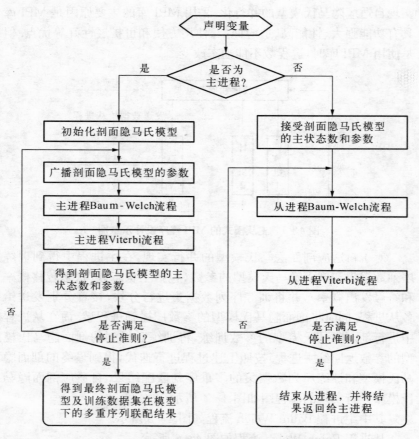

图 4-4 自适应剖面隐马氏模型并行实现的流程图

转移概率的量化整数；msc 为自适应剖面隐马氏模型在匹配状态的符
号发出概率的量化整数；isc 为自适应剖面隐马氏模型在插入状态的
符号发出概率的量化整数；$numsent$ 为已发送的序列数；$numproc$ 为
总的进程数. 并行实现过程中使用到的 MPI 过程有：

    int MPI_Init(int ∗ argc, ∗ ∗ ∗ argv)   // MPI 执行环境初始化；

    int MPI_Finalize(void)   // 结束 MPI 运行环境；

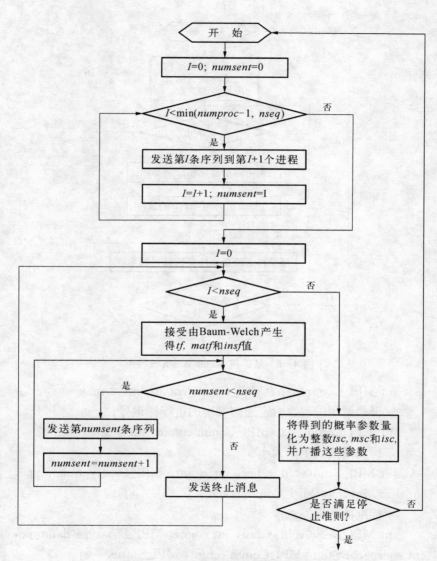

图 4 – 5 主进程 Baum-Welch 流程图

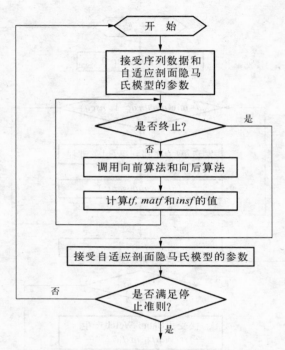

图 4 - 6　从进程 Baum-Welch 流程图

　　int MPI_Comm_rank(MPI_Comm comm，int ＊rank)

　　//得到调用进程在给定通信域中的进程标识号；

　　int MPI_Comm_size(MPI_Comm comm，int ＊size)

　　//得到通信域组的大小；

　　int MPI_Send(void ＊buf，int count，MPI_Datatype datatype，int dest，int tag，MPI_Comm comm)

　　//标准的数据发送；

　　int MPI_Recv(void ＊buf，int count，MPI_Datatype datatype，int source，int tag，MPI_Comm comm，MPI_Status ＊status)

　　//标准的数据接受；

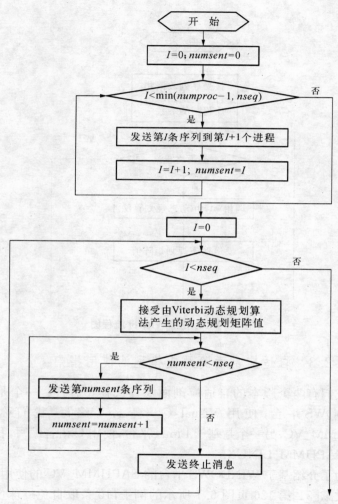

图 4-7 主进程 Viterbi 流程图

int MPI_Bcast(void * buf，int count，MPI_Datatype datatype，
int root，int tag，MPI_Comm comm)

// 将 root 进程的消息广播到所有的进程.

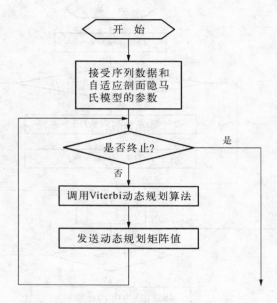

图 4 - 8　从进程 Viterbi 流程图

4.2.3　自适应剖面隐马氏模型的使用指南

我们有两个版本的自适应剖面隐马氏模型程序：一个是基于
WINDOWS 平 台，使用 Visual C＋＋ 6. 0 编写，我们称其为
SAPHMM_VC；另一个是基于 Linux 平台，使用 C 语言编写，我们称
其为 SAPHMM_LINUX.

为了介绍基于 WINDOWS 平台的 SAPHMM_VC 的使用，我们
使用文献[51]第 136 页图 6.1 所示的例子，10 条取自免疫球蛋白超
家族域（Immunoglobulin Superfamily Domain）的序列. 我们将这 10
条序列存放在一个单独的文件 Immu. seqs 中. 图 4 - 9 是 SAPHMM_
VC 软件的运行主界面.

打开菜单栏中的"文件"选项，选择"读入序列文件"命令，或直接

图 4 - 9   SAPHMM_VC 软件主界面

单击工具栏中的"🖭"按钮,选择并打开序列文件名 Immu. seqs,则屏幕上显示序列文件 Immu. seqs 中的序列,如图 4 - 10 所示.

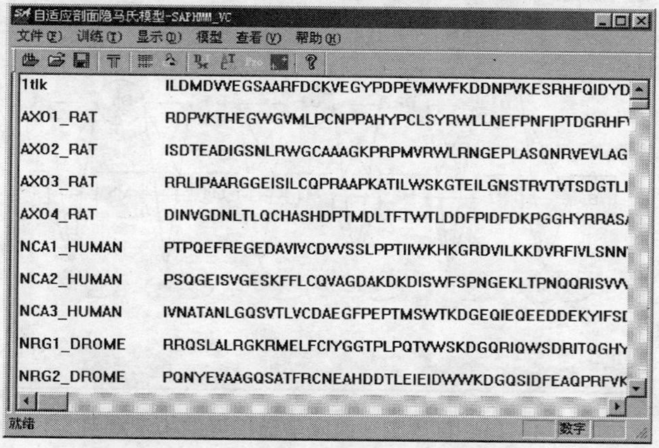

图 4 - 10   序列文件 Immu. seqs 中的序列显示

打开菜单栏中的"训练"选项,选择"Uniform _ BIC Training

Model"命令,或直接单击工具栏中的""按钮,表示以均匀分布产生初始自适应剖面隐马氏模型的参数,并且在训练过程中通过贝叶斯信息准则判断和调整模型的主状态数. 出现图 4-11 所示的对话框,开始训练模型.

训练结束时,出现图 4-12 所示的对话框,表示训练已结束.

图 4-11 "开始训练模型"对话框　　图 4-12 "训练结束"对话框

打开菜单栏中的"显示"选项,选择"模型"命令,或直接单击工具栏中的""按钮,屏幕如图 4-13 所示,模型的主状态数为 82.

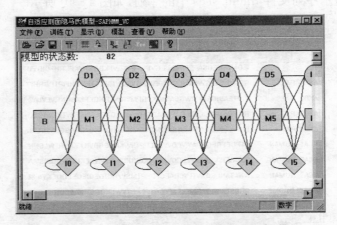

图 4-13 自适应剖面隐马氏模型结构示意图

打开菜单栏中的"显示"选项,选择"联配"命令,或直接单击工具栏中的""按钮,屏幕如图 4-14 所示,即显示多重序列联配结果.

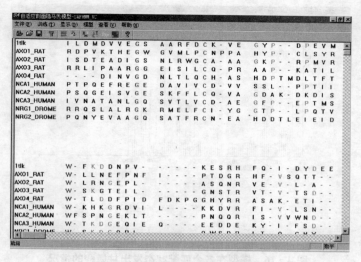

图 4-14 多重序列联配结果显示

打开菜单栏中的"模型"选项,选择"符号发出性质"命令,或直接单击工具栏中的"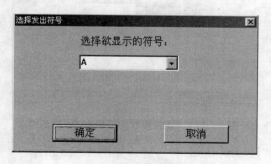"按钮,出现图 4-15 所示的对话框.

图 4-15 "选择发出符号"对话框

若选择甘氨酸"A",屏幕如图 4-16 所示.

打开菜单栏中的"模型"选项,选择"蛋白质性质"命令,或直接单击工具栏中的""按钮,出现图 4-17 所示的对话框.

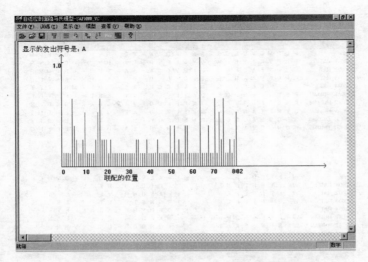

图 4 - 16　模型在各个匹配状态发出甘氨酸的情况

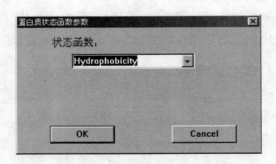

图 4 - 17　"蛋白质状态函数参数"对话框

若选择"Hydrophobicity",屏幕如图 4 - 18 所示.

SAPHMM_LINUX 软件的运行类似于 DOS 程序,采用一问一答的方式逐步完成所需任务. 我们同样使用免疫球蛋白超家族的序列进行多重序列联配来说明 SAPHMM_LINUX 的使用过程. 程序运行结束时,会将最终的多重序列联配结果自动地保存到文件 Immu. seqs. out 中. 最终的多重序列联配结果如下所示.

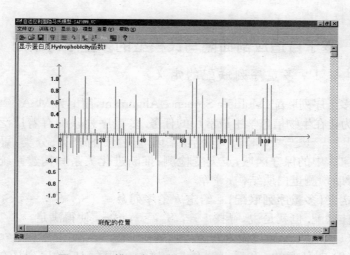

图 4 - 18 模型在各个匹配状态的疏水性情况

```
1tlk         ILDMDVVEGS AARFDCK-VE GYP--DPEVM W-FKDDNPV- -----KESRH
AXO1_RAT     RDPVKTHEGW GVMLPCNPPA HYP--CLSYR W-LLNEFPNF I-----PTDGR
AXO2_RAT     ISDTEADIGS NLRWGCA-AA GKP--RPMVR W-LRNGEPL- -----ASQNR
AXO3_RAT     RRLIPAARGG EISILCQ-PR AAP--KATIL W-SKGTEIL- -----GNSTR
AXO4_RAT     ----DINVGD NLTLQCH-AS HDPTMDLTFT W-TLDDFPID FDKPGGHYRR
NCA1_HUMAN   PTPQEFREGE DAVIVCD-VV SSL--PPTII W-KHKGRDVI L----KKDVR
NCA2_HUMAN   PSQGEISVGE SKFFLCQ-VA GDAK-DKDIS WFSPNGEKLT -----PNQQR
NCA3_HUMAN   IVNATANLGQ SVTLVCD-AE GFP--EPTMS W-TKDGEQIE Q----EEDDE
NRG1_DROME   RRQSLALRGK RMELFCI-YG GTP--LPQTV W-SKDGQRI- -----QWSDR
NRG2_DROME   PQNYEVAAGQ SATFRCN-EA HDDTLEIEID W-WKDGQSID F-----EAQPR
                      *          *                    *

FQ-I-D-YDE EGNC-SLTIS EVCGDDDAKY TCKAVNSL-G -EAT-----C TAELLVET
HF-V-SQTT- -G---NLYIA RTNASDLGNY SCLATSHM-D -FSTKSVFSK FAQLNLAA
VE-V-L--A- -G---DLRFS KLSLEDSGMY QCVAENKH-G -TIV-----Y ASELAVQA
VT-V-T-SD- -G---TLIIR NISRSDEGKY TCFAENFM-G -KAN-----S TGILSVRD
ASAK-E-TI- -G---DLTIL NAHVRHGGKY TCMAQTVV-D -GTS-----K EATVLVRG
FI-V-L-SN- -N---YLQTR GIKKTDEGTY RCEGRILARG -EINF----K DIQVIVNV
IS-VVW-ND- -DSSSTLTIY NANIDDAGIY KCVVTGED-G SESE-----A TVNVKIFQ
KY-I-F-SD- -DSS-QLTIK KVDKNDEAEY ICIAENKA-G -EQD-----A TIHLKVFA
IT-Q-G-HY- -GK--SLVIR QTNFDDAGTY TCDVSNGV-G -NAQS----F SIILNVNS
FV-K-T-ND- -N---SLTIA KTMELDSGEY TCVARTRL-D -EAT-----A RANLIVQD
                    *          * *
```

4.3　基于自适应剖面隐马氏模型的多重序列联配

4.3.1　多重序列联配的定义

多重序列联配(Multiple Sequence Alignment,简记为 MSA)[25,154]是目前为止在生物信息学中最常用的任务. 多重序列联配有着广泛的应用[25,44,93,120,152,155—157],其中包括：基因/蛋白质的聚类、分类；寻找蛋白质家族中的保守区域；点突变检测；推断进化关系和构建系统发育树；帮助预测蛋白质结构；等等.

定义(多重序列联配)　给定 k 条序列 $S = \{S_1, S_2, \cdots, S_k\}$,寻找最佳联配. 也就是说,寻找 $\{S'_1, S'_2, \cdots, S'_k\}$,使得满足：

(1) S'_i 是 S_i 通过插入间隙得到的；

(2) 对任意的 i 和 j ,有 $|S'_i| = |S'_j|$,即联配后的序列具有相同的长度；

(3) 对于所有 i 和 j , $\sum_i \sum_j \text{sim}(S'_i, S'_j)$ 最大,或者 $\sum_i \sum_j \cos t(S'_i, S'_j)$ 最小. 其中 $\text{sim}(X, Y)$ 是序列 X 和序列 Y 的联配相似性函数, $\cos t(X, Y)$ 是序列 X 和序列 Y 的联配罚分函数.

最佳多重序列联配问题是 NP 难题,因此只能求得近似解. 在1987 年以前,通常通过人工方式建立多重序列联配. 蒙特利尔大学的David Sankoff 第一个使用动态规划方法建立多重序列联配. 之后,各种方法被用于建立多重序列联配.

4.3.2　常用多重序列联配程序简介

表 4-1 给出了现有的各种多重序列联配算法及其网址[155,156].

表 4-1　现有的多重序列联配算法

程序名称	URL 地址
MSA[158]	http://www.ibc.wustl.edu/ibc/msa.html
DCA[159]	http://bibiserv.techfak.uni-biefield.de/dca/

续 表

程序名称	URL 地 址
OMA[160]	http://bibiserv. techfak. uni-bielefeld. de/oma/
ClustalW[161,162,163]	ftp://ftp-igbmc. u-strasbg. fr/pub/clustalW
MultAlign[164]	http://www. tolouse. inra. fr/multalin. html
Pileup[165] (GCG)	http://www. gcg. com
PIMA[166]	http://mbcr. bcm. tmc. edu/Software/PIMA. html
DiAlign[167]	http://www. gsf. de/biodv/dialign. html
ComAlign[168]	http://www. daimi. au. dk/~ocaprani/ComAlign/ ComAlign. html
T-Coffee[169]	http://igs-server. cnrs-mrs. fr/~cnotred
Praline[170]	http://mathbio. nimr. mrc. ac. uk/~vsimoss/pralinewww/
IterAlign[171]	http://giotto. stanford. edu/~luciano/iteralign. html
Prrp[172]	ftp://ftp. genome. ad. jp/pub/genome/saitama-cc
SAM[92]	rph@cse. ucsc. edu
HMMER[87,88]	http://hmmer. wustl. edu
SAGA[173]	http://igs-server. cnrs-mrs. fr/~cnotred
ZW's GA[174]	czhang@watnow. uwaterloo. ca
MACAW[175]	ftp://ftp. ncbi. nlm. nih. gov/pubs/schuler/macaw/
MAST[176]	http://meme. sdsc. edu/meme/website/mast. html
GIBBS[177]	http://bioweb. pasteur. fr/seqanal/interfaces/gibbs-simple. html

本节我们主要介绍以下两个多重序列联配程序：ClustalW 程序[161—163] 和 HMMer 程序[87,88].

ClustalW 是一个最广泛使用的多重序列联配程序,在常用的计算机平台上可以免费使用[162].算法基于渐进联配的思想,实现步骤如下：

（1）对一系列输入序列进行两两联配,得到一个反映每对序列之间关系的距离矩阵；

（2）基于距离矩阵，运用邻接法（Neighbor Joining）计算出一个系统发生树；

（3）使用系统发生树，从极相近的序列开始成对联配，然后重新联配下一个加入的序列，依次循环，直到加入所有序列.

HMMer 程序实现多重序列联配的步骤如下：

（1）初始化剖面隐马氏模型；

（2）使用 Baum-Welch 重估计（EM）算法通过一组训练序列数据集训练模型；

（3）使用 Viterbi 动态规划算法将所有训练序列与模型进行联配，得到多重序列联配.

4.3.3　我们的程序与现有程序的比较

（1）与 HMMer 程序进行比较

HMMer 程序采用 50 条球蛋白序列作为训练数据集. 50 条球蛋白序列参见附录 C，得到的多重序列联配结果见附录 D. 执行自适应剖面隐马氏模型程序，得到的多重序列联配结果如图 4 - 19 所示.

```
LGB1_PEA    --GFT----- --------DK -QEALVNSSS -EFKQN---L P--GYSILFY TIV-LEKAPA AKGLF-SF--
LGB1_VICFA  --GFT----- --------EK -QEALVNSSS QLFKQNP--- S--NYSVLFY TII-LQKAPT AKAMF-SF--
MYG_ESCGI   --VLS----- --------DA -EWQLVLN-- IWAKVEA-DV AGHGQDILIR L---FKGHPE TLEKFDKFKH
MYG_HORSE   --GLS----- --------DG -EWQQVLN-- VWGKVEA-DI AGHGQEVLIR L---FTGHPE TLEKFDKFKH
MYG_PROGU   --GLS----- --------DG -EWQLVLN-- VWGKVEG-DL SGHGQEVLIR L---FKGHPE TLEKFDKFKH
MYG_SAISC   --GLS----- --------DG -EWQLVLN-- IWGKVEA-DI PSHGQEVLIS L---FKGHPE TLEKFDKFKH
MYG_LYCPI   --GLS----- --------DG -EWQIVLN-- IWGKVET-DL AGHGQEVLIR L---FKNHPE TLDKFDKFKH
MYG_MOUSE   --GLS----- --------DG -EWQLVLN-- VWGKVEA-DL AGHGQEVLIG L---FKTHPE TLDKFDKFKN
MYG_MUSAN   --V------- --------DW EKVNS-- VWSAVES-DL TAIGGNILLR L---FEQYPE SQNHFPKFKN
HBA_AILME   --VLS----- --------PA -DKTNVKA- TWDKIGGHAG EY-GGEALER T---FASFPT TKTYFPHF-D
HBA_PROLO   --VLS----- --------PA -DKANIKA- TWDKIGGHAG EY-GGEALER T---FASFPT TKTYFPHF-D
HBA_PAGLA   --VLS----- --------SA -DKNNIKA- TWDKIGSHAG EY-GAEALER T---FISFPT TKTYFPHF-D
HBA_MACFA   --VLS----- --------PA -DKTNVKA- AWGKVGGHAG EY-GAEALER M---FLSFPT TKTYFPHF-D
HBA_MACSI   --VLS----- --------PA -DKTNVKD- AWGKVGGHAG EY-GAEALER M---FLSFPT TKTYFPHF-D
HBA_PONPY   --VLS----- --------PA -DKTNVKT- AWGKVGAHAG DY-GAEALER M---FLSFPT TKTYFPHF-D
HBA2_GALCR  --VLS----- --------PT -DKSNVKA- AWEKVGAHAG DY-GAEALER M---FLSFPT TKTYFPHF-D
HBA_MESAU   --VLS----- --------AK -DKTNISE- AWGKIGGHAG EY-GAEALER M---FFVYPT TKTYFPHF-D
```

```
HBA2_BOSMU    --VLS-----  --------AA  -DKGNVKA--  AWGKVGGHAA  EY-GAEALER  M---FLSFPT  TKTYFPHF-D
HBA_ERIEU     --VLS-----  --------AT  -DKANVKT--  FWGKLGGHGG  EY-GGEALDR  M---FQAHPT  TKTYFPHF-D
HBA_FRAPO     --VLS-----  --------AA  -DKNNVKG--  IFGKISSHAE  DY-GAEALER  M---FITYPS  TKTYFPHF-D
HBA_PHACO     --VLS-----  --------AA  -DKNNVKG--  IFTKIAGHAE  EY-GAEALER  M---FITYPS  TKTYFPHF-D
HBA_TRIOC     --VLS-----  --------AN  -DKTNVKT--  VFTKITGHAE  DY-GAETLER  M---FITYPP  TKTYFPHF-D
HBA_ANSSE     --VLS-----  --------AA  -DKGNVKT--  VFGKIGGHAE  EY-GAETLQR  M---FQTFPQ  TKTYFPHF-D
HBA_COLLI     --VLS-----  --------AN  -DKSNVKA--  VFAKIGGQAG  DL-GGEALER  L---FITYPQ  TKTYFPHF-D
HBAD_CHLME    --MLT-----  --------AD  -DKKLLTQ--  LWEKVAGHQE  EF-GSEALQR  M---FLTYPQ  TKTYFPHF-D
HBAD_PASMO    --MLT-----  --------AE  -DKKLIQQ--  IWGKLGG-AE  EEIGADALWR  M---FHSYPS  TKTYFPHF-D
HBAZ_HORSE    --SLT-----  --------KA  -ERTMVVS--  IWGKISMQAD  AV-GTEALQR  L---FSSYPQ  TKTYFPHF-D
HBA4_SALIR    --SLS-----  --------AK  -DKANVKA--  IWGKILP-KS  DEIGEQALSR  M---LVVYPQ  TKAYFSHWAS
HBB_ORNAN     --VHL-----  --------SG  GEKSAVTN--  LWGKVNI-NE  L--GGEALGR  L---LVVYPW  TQRFFEAFGD
HBB_TACAC     --VHL-----  --------SG  SEKTAVTN--  LWGHVNV-NE  L--GGEALGR  L---LVVYPW  TQRFFESFGD
HBE_PONPY     --VHF-----  --------TA  EEKAAVTS--  LWSKMNV-EE  A--GGEALGR  L---LVVYPW  TQRFFDSFGN
HBB_SPECI     --VHL-----  --------SD  GEKNAIST--  AWGKVHA-AE  V--GAEALGR  L---LVVYPW  TQRFFDSFGD
HBB_SPETO     --VHL-----  --------TD  GEKNAIST--  AWGKVNA-AE  I--GAEALGR  L---LVVYPW  TQRFFDSFGD
HBB_EQUHE     --VQL-----  --------SG  EEKAAVLA--  LWDKVNE-EE  V--GGEALGR  L---LVVYPW  TQRFFDSFGD
HBB_SUNMU     --VHL-----  --------SG  EEKACVTG--  LWGKVNE-DE  V--GAEALGR  L---LVVYPW  TQRFFDSFGD
HBB_CALAR     --VHL-----  --------TG  EEKSAVTA--  LWGKVNV-DE  V--GGEALGR  L---LVVYPW  TQRFFESFGD
HBB_MANSP     --VHL-----  --------TP  EEKTAVTT--  LWGKVNV-DE  V--GGEALGR  L---LVVYPW  TQRFFDSFGD
HBB_URSMA     --VHL-----  --------TG  EEKSLVTG--  LWGKVNV-DE  V--GGEALGR  L---LVVYPW  TQRFFDSFGD
HBB_RABIT     --VHL-----  --------SS  EEKSAVTA--  LWGKVNV-EE  V--GGEALGR  L---LVVYPW  TQRFFESFGD
HBB_TUPGL     --VHL-----  --------SG  EEKAAVTG--  LWGKVDL-EK  V--GGQSLGS  L---LIVYPW  TQRFFDSFGD
HBB_TRIIN     --VHL-----  --------TP  EEKALVIG--  LWAKVNV-KE  Y--GGEALGR  L---LVVYPW  TQRFFEHFGD
HBB_COLLI     --VHW-----  --------SA  EEKQLITS--  IWGKVNV-AD  C--GAEALAR  L---LIVYPW  TQRFFSSFGN
HBB_LARRI     --VHW-----  --------SA  EEKQLITG--  LWGKVNV-AD  C--GAEALAR  L---LIVYPW  TQRFFASFGN
HBB1_VAREX    --VHW-----  --------TA  EEKQLICS--  LWGKIDV-GL  I--GGETLAG  L---LVIYPW  TQRQFSHFGN
HBB2_XENTR    --VHW-----  --------TA  EEKATIAS--  VWGKVDI-EQ  D--GHDALSR  L---LVVYPW  TQRYFSSFGN
HBBL_RANCA    --VHW-----  --------TA  EEKAVINS--  VWQKVDV-EQ  D--GHEALTR  L---FIVYPW  TQRYFSTFGD
HBB2_TRICR    --VHL-----  --------TA  EDRKEIAA--  ILGKVNV-DS  L--GGQCLAR  L---IVVNPW  SRRYFHDFGD
GLB2_MORMR    PIVDSGSVSP  LS------DA  -EKNKIRA--  AWDIVYKNYE  KN-GVDILVK  F---FTGTPA  AQAFFPKFKG
GLBZ_CHITH    --MKFIILAL  CVAAASALSG  DQIGLVQS--  TYGKVKG-DS  V--G---ILYA  V---FKADPT  IQAAFPQF-V
HBF1_URECA    --GLT-----  --------TA  -QIKAIQD--  HWF-LNI-KG  CL-QAAADSI  FFKYLTAYPG  DLAFFHKF-S
                                                                 *           *
LGB1_PEA      LKDTAGVEDS  PKLQAHAEQV  ----------  FGLVRDSAAQ  LRT---KGEV  VLGNAT----  LGAIHV-QK-
LGB1_VICFA    LKDSAGVVDS  PKLGAHAEKV  FGMVRDSAVQ  LRATGEVV--  LDG---KDGS  ----------  ---IHI-QK-
MYG_ESCGI     LKTEAEMKAS  EDLKKHGNTV  ----------  LTALG-GI--  LKK---KGHH  --EAELKP-  LAQSHA-TK-
MYG_HORSE     LKTEAEMKAS  EDLKKHGTVV  ----------  LTALG-GI--  LKK---KGHH  --EAELKP-  LAQSHA-TK-
MYG_PROGU     LKAEDEMRAS  EELKKHGTTV  ----------  LTALG-GI--  LKK---KGQH  ---AAELAP-  LAQSHA-TK-
```

```
MYG_SAISC    LKSEDEMKAS EELKKHGTTV ---------- LTALG-GI-- LKK---KGQH ----EAELKP- LAQSHA-TK-
MYG_LYCPI    LKTEDEMKGS EDLKKHGNTV ---------- LTALG-GI-- LKK---KGHH ----EAELKP- LAQSHA-TK-
MYG_MOUSE    LKSEEDMKGS EDLKKHGCTV ---------- LTALG-TI-- LKK---KGQH ----AAEIQP- LAQSHA-TK-
MYG_MUSAN    KSLGEL-KDT ADIKAQADTV ---------- LSALGNIV-- --K---KKGS ----HSQPVKA LAATHI-TT-
HBA_AILME    LSPGSA-QV- ---KAHGKKV ---------- ADALTTAVGH LDD----LPGA ----LSA---- LSDLHA-HKL
HBA_PROLO    LSPGSA-QV- ---KAHGKKV ---------- ADALTLAVGH LDD----LPGA ----LSA---- LSDLHA-YKL
HBA_PAGLA    LSHGSA-QV- ---KAHGKKV ---------- ADALTLAVGH LED----LPNA ----LSA---- LSDLHA-YKL
HBA_MACFA    LSHGSA-QV- ---KGHGKKV ---------- ADALTLAVGH VDD----MPQA ----LSA---- LSDLHA-HKL
HBA_MACSI    LSHGSA-QV- ---KGHGKKV ---------- ADALTLAVGH VDD----MPQA ----LSA---- LSDLHA-HKL
HBA_PONPY    LSHGSA-QV- ---KDHGKKV ---------- ADALTNAVAH VDD----MPNA ----LSA---- LSDLHA-HKL
HBA2_GALCR   LSHGST-QV- ---KGHGKKV ---------- ADALTNAVLH VDD----MPSA ----LSA---- LSDLHA-HKL
HBA_MESAU    VSHGSA-QV- ---KGHGKKV ---------- ADALTNAVGH LDD----LPGA ----LSA---- LSDLHA-HKL
HBA2_BOSMU   LSHGSA-QV- ---KGHGAKV ---------- AAALTKAVGH LDD----LPGA ----LSE---- LSDLHA-HKL
HBA_ERIEU    LNPGSA-QV- ---KGHGKKV ---------- ADALTTAVNN LDD----VPGA ----LSA---- LSDLHA-HKL
HBA_FRAPO    LSHGSA-QV- ---KGHGKKV ---------- VAALIEAANH IDD----IAGT ----LSK---- LSDLHA-HKL
HBA_PHACO    LSHGSA-QI- ---KGHGKKV ---------- VAALIEAVNH IDD----ITGT ----LSK---- LSDLHA-HKL
HBA_TRIOC    LHHGSA-QI- ---KAHGKKV ---------- VGALIEAVNH IDD----IAGA ----LSK---- LSDLHA-QKL
HBA_ANSSE    LQPGSA-QI- ---KAHGKKV ---------- AAALVEAANH IDD----IAGA ----LSK---- LSDLHA-QKL
HBA_COLLI    LSHGSA-QI- ---KGHGKKV ---------- AEALVEAANH IDD----IAGA ----LSK---- LSDLHA-QKL
HBAD_CHLME   LHPGSE-QV- ---RGHGKKV ---------- AAALGNAVKS LDN----LSQA ----LSE---- LSNLHA-YNL
HBAD_PASMO   LSQGSD-QI- ---RGHGKKV ---------- VAALSNAIKN LDN----LSQA ----LSE---- LSNLHA-YNL
HBAZ_HORSE   LHEGSP-QL- ---RAHGSKV ---------- AAAVGDAVKS IDN----VAGA ----LAK---- LSELHA-YIL
HBA4_SALIR   VAPGSA-PV- ---KKHGITI ---------- MNQIDDCVGH MDD----LFGF ----LTK---- LSELHA-TKL
HBB_ORNAN    LSSAGAVMGN PKVKAHGAKV ---------- LTSFGDALKN LDD----LKGT ----FAK---- LSELHC-DKL
HBB_TACAC    LSSADAVMGN AKVKAHGAKV ---------- LTSFGDALKN LDN----LKGT ----FAK---- LSELHC-DKL
HBE_PONPY    LSSPSAILGN PKVKAHGKKV ---------- LTSFGDAIKN MDN----LKTT ----FAK---- LSELHC-DKL
HBB_SPECI    LSSASAVMGN AKVKAHGKKV ---------- IDSFSNGLKH LDN----LKGT ----FAS---- LSELHC-DKL
HBB_SPETO    LSSASAVMGN AKVKAHGKKV ---------- IDSFSNGLKH LDN----LKGT ----FAS---- LSELHC-DKL
HBB_EQUHE    LSNPAAVMGN PKVKAHGKKV ---------- LHSFGEGVHH LDN----LKGT ----FAQ---- LSELHC-DKL
HBB_SUNMU    LSSASAVMGN PKVKAHGKKV ---------- LHSLGEGVAN LDN----LKGT ----FAK---- LSELHC-DKL
HBB_CALAR    LSTPDAVMNN PKVKAHGKKV ---------- LGAFSDGLTH LDN----LKGT ----FAH---- LSELHC-DKL
HBB_MANSP    LSSPDAVMGN PKVKAHGKKV ---------- LGAFSDGLNH LDN----LKGT ----FAQ---- LSELHC-DKL
HBB_URSMA    LSSADAIMNN PKVKAHGKKV ---------- LNSFSDGLKN LDN----LKGT ----FAK---- LSELHC-DKL
HBB_RABIT    LSSANAVMNN PKVKAHGKKV ---------- LAAFSEGLSH LDN----LKGT ----FAK---- LSELHC-DKL
HBB_TUPGL    LSSPSAVMSN PKVKAHGKKV ---------- LTSFSDGLNH LDN----LKGT ----FAK---- LSELHC-DKL
HBB_TRIIN    LSSASAIMNN PKVKAHGEKV ---------- FTSFGDGLKH LED----LKGA ----FAE---- LSELHC-DKL
HBB_COLLI    LSSATAISGN PNVKAHGKKV ---------- LTSFGDAVKN LDN----IKGT ----FAQ---- LSELHC-DKL
HBB_LARRI    LSSPTAIGN PMVRAHGKKV ---------- LTSFGEAVKN LDN----IKNT ----FAQ---- LSELHC-DKL
HBB1_VAREX   LSSPTAIAGN PRVKAHGKKV ---------- LDN---IKDT ---FAK----- LSELHC-DKL LTSFGDAIKN
```

```
HBB2_XENTR   LSNVSAVSGN VKVKAHGNKV ----------- LSAVGSAIQH LDD---VKSH ---LKG---- LSKSHA-EDL
HBBL_RANCA   LSSPAAIAGN PKVHAHGKKI ----------- LGAIDNAIHN LDD---VKGT ---LHD---- LSEEHA-NEL
HBB2_TRICR   LSSCDAICRN PKVLAHGAKV ----------- MRSIVEATKH LDN---LREY ---YAD---- LSVTHS-LKF
GLB2_MORMR   LTTADALKKS SDVRWHAERI ----------- INAVNDAVKS MDDTEKMSMK ---LQE---- LSVKHA-QSF
GLBZ_CHITH   GKDLDAIKGG AEFSTHAGRI ----------- VGFLG-GV-- IDD---LPNI ---GKH---- VDALVATHKP
HBF1_URECA   SVPLYGLRSN PAYKAQTLTV ----------- INYLDKVVDA LGG---NAGA ---LMK---- AKVPSH-DAM

LGB1_PEA     G-VTNPHFV- VVKEALLQTI KKASGNNWSE ELNTAWEV-- --AYDGLATA IKK-----AMK TA
LGB1_VICFA   G-VLDPHFV- VVKEALLKTI KEASGDKWSE ELSAAWEV-- --AYDGLATA IK-----AA- --
MYG_ESCGI    H-KIPIKYLE FISDAIIHVL HSRHPGDFGA DAQAAMNKAL ELFRKDIAAK YKE----LGF QG
MYG_HORSE    H-KIPIKYLE FISDAIIHVL HSKHPGNFGA DAQGAMTKAL ELFRNDIAAK YKE----LGF QG
MYG_PROGU    H-KIPVKYLE FISEAIIQVL QSKHPGDFGA DAQGAMSKAL ELFRNDIAAK YKE----LGF QG
MYG_SAISC    H-KIPVKYLE LISDAIVHVL QKKHPGDFGA DAQGAMKKAL ELFRNDMAAK YKE----LGF QG
MYG_LYCPI    H-KIPVKYLE FISDAIIQVL QNKHSGDFHA DTEAAMKKAL ELFRNDIAAK YKE----LGF QG
MYG_MOUSE    H-KIPVKYLE FISEIIIEVL KKRHSGDFGA DAQGAMSKAL ELFRNDIAAK YKE----LGF QG
MYG_MUSAN    H-KIPPHYFT KITTIAVDVL SEMYPSEMNA QVQAAFSG-- --AFKIICSD IEKEYKAANF QG
HBA_AILME    R-VDPVNFK- LLSHCLLVTL ASHHPAEFTP AVHASLDK-- --FFSAVSTV -L-----TSK YR
HBA_PROLO    R-VDPVNFK- LLSHCLLVTL ACHHPAEFTP AVHASLDK-- --FFTSVSTV -L-----TSK YR
HBA_PAGLA    R-VDPVNFK- LLSHCLLVTL ACHHPAEFTP AVHSALDK-- --FFSAVSTV -L-----TSK YR
HBA_MACFA    R-VDPVNFK- LLSHCLLVTL AAHLPAEFTP AVHASLDK-- --FLASVSTV -L-----TSK YR
HBA_MACSI    R-VDPVNFK- LLSHCLLVTL AAHLPAEFTP AVHASLDK-- --FLASVSTV -L-----TSK YR
HBA_PONPY    R-VDPVNFK- LLSHCLLVTL AAHLPAEFTP AVHASLDK-- --FLASVSTV -L-----TSK YR
HBA2_GALCR   R-VDPVNFK- LLRHCLLVTL ACHHPAEFTP AVHASLDK-- --FMASVSTV -L-----TSK YR
HBA_MESAU    R-VDPVNFK- LLSHCLLVTL ANHHPADFTP AVHASLDK-- --FFASVSTV -L-----TSK YR
HBA2_BOSMU   R-VDPVNFK- LLSHSLLVTL ASHLPSDFTP AVHASLDK-- --FLANVSTV -L-----TSK YR
HBA_ERIEU    R-VDPVNFK- LLSHCLLVTL ALHHPADFTP AVHASLDK-- --FLATVATV -L-----TSK YR
HBA_FRAPO    R-VDPVNFK- LLGQCFLVVV AIHHPSALTP EVHASLDK-- --FLCAVGNV -L-----TAK YR
HBA_PHACO    R-VDPVNFK- LLGQCFLVVV AIHHPSALTP EVHASLDK-- --FLCAVGTV -L-----TAK YR
HBA_TRIOC    R-VDPVNFK- LLGQCFLVVV AIHHPSVLTP EVHASLDK-- --FLCAVGNV -L-----SAK YR
HBA_ANSSE    R-VDPVNFK- FLGHCFLVVV AIHHPSLLTP EVHASMDK-- --FLCAVATV -L-----TAK YR
HBA_COLLI    R-VDPVNFK- LLGHCFLVVV AVHFPSLLTP EVHASLDK-- --FVLAVGTV -L-----TAK YR
HBAD_CHLME   R-VDPANFK- LLAQCFQVVL ATHLGKDYSP EMHAAFDK-- --FLSAVAAV -L-----AEK YR
HBAD_PASMO   R-VDPVNFK- FLSQCLQVSL ATRLGKEYSP EVHSAVDK-- --FMSAVASV -L-----AEK YR
HBAZ_HORSE   R-VDPVNFK- FLSHCLLVTL ASRLPADFTA DAHAAWDK-- --FLSIVSSV -L-----TEK YR
HBA4_SALIR   R-VDPTNFK- ILAHNLIVVI AAYFPAEFTP EIHLSVDK-- --FLQQLALA -L-----AEK YR
HBB_ORNAN    H-VDPENFN- RLGNVLIVVL ARHFSKDFSP EVQAAWQK-- --LVSGVAHA -L-----GHK YH
HBB_TACAC    H-VDPENFN- RLGNVLVVVL ARHFSKEFTP EAQAAWQK-- --LVSGVSHA -L-----AHK YH
HBE_PONPY    H-VDPENFK- LLGNVMVIIL ATHFGKEFTP EVQAAWQK-- --LVSAVAIA -L-----AHK YH
HBB_SPECI    H-VDPENFK- LLGNMIVIVM AHHLGKDFTP EAQAAFQK-- --VVAGVANA -L-----AHK YH
HBB_SPETO    H-VDPENFK- LLGNMIVIVM AHHLGKDFTP EAQAAFQK-- --VVAGVANA -L-----SHK YH
```

```
HBB_EQUHE    H-VDPENFR- LLGNVLVVVL ARHFGKDFTP ELQASYQK-- --VVAGVANA -L-----AHK YH
HBB_SUNMU    H-VDPENFR- LLGNVLVVVL ASKFGKEFTP PVQAAFQK-- --VVAGVANA -L-----AHK YH
HBB_CALAR    H-VDPENFR- LLGNVLVCVL AHHFGKEFTP VVQAAYQK-- --VVAGVANA -L-----AHK YH
HBB_MANSP    H-VDPENFK- LLGNVLVCVL AHHFGKEFTP QVQAAYQK-- --VVAGVANA -L-----AHK YH
HBB_URSMA    H-VDPENFK- LLGNVLVCVL AHHFGKEFTP QVQAAYQK-- --VVAGVANA -L-----AHK YH
HBB_RABIT    H-VDPENFR- LLGNVLVIVL SHHFGKEFTP QVQAAYQK-- --VVAGVANA -L-----AHK YH
HBB_TUPGL    H-VDPENFR- LLGNVLVRVL ACNFGPEFTP QVQAAFQK-- --VVAGVANA -L-----AHK YH
HBB_TRIIN    H-VDPENFR- LLGNVLVCVL ARHFGKEFSP EAQAAYQK-- --VVAGVANA -L-----AHK YH
HBB_COLLI    H-VDPENFR- LLGDILVIIL AAHFGKDFTP ECQAAWQK-- --LVRVVAHA -L-----ARK YH
HBB_LARRI    H-VDPENFR- LLGDILIIVL AAHFAKDFTP DSQAAWQK-- --LVRVVAHA -L-----ARK YH
HBB1_VAREX   H-VDPTNFK- LLGNVLVIVL ADHHGKEFTP AHHAAYQK-- --LVNVVSHS -L-----ARR YH
HBB2_XENTR   H-VDPENFK- RLADVLVIVL AAKLGSAFTP QVQAVWEK-- --LNATLVAA -L-----SHG YF
HBBL_RANCA   H-VDPENFR- RLGEVLIVVL GAKLGKAFSP QVQHVWEK-- --FIAVLVDA -L-----SHS YH
HBB2_TRICR   Y-VDPENFK- LFSGIVIVCL ALTLQTDFSC HKQLAFEK-- --LMKGVSHA -L-----GHG Y-
GLB2_MORMR   Y-VDRQYFK- VLAGII---- ------ADTTA PGDAGFEK-- --LMSMICIL -L-----SSA Y-
GLBZ_CHITH   RGVTHAQFN- NFRAAFIAYL KGH--VDYTA AVEAAWGA-- --TFDAFFGA -V-----FAK M-
HBF1_URECA   G-ITPKHFGQ LLKLVG-GVF QEEFSADPT- -TVAAWGD-- --A-AGV-LV -A-----AMK --
```

图 4 - 19   50 条球蛋白序列的 SAPHMM 程序的多重序列联配结果

（2）与 Clustal W 程序进行比较

Clustal W 程序采用 64 条取自 SH3 结构域序列作为训练数据集. 64 条 SH3 结构域序列参见附录 E,得到的多重序列联配结果见附录 F. 执行自适应剖面隐马氏模型程序,得到的多重序列联配结果如图 4 - 20 所示.

```
ASV_vSRC    TTFV-ALYDY E-SR-TETD- -------LSF -KKGERLQI- ------V--N -N--------T EG
RSV_vSRC    TTFV-ALYDY E-SW-TETD- -------LSF -KKGERLQI- ------V--N -N--------T EG
H_cSRC1     TTFV-ALYDY E-SR-TETD- -------LSF -KKGERLQI- ------V--N -N--------T EG
X1_cSRC1    TTFV-ALYDY E-SR-TETD- -------LSF -KKGERLQI- ------V--N -N--------T EG
M_nSRC      TTFV-ALYDY E-SR-TETD- -------LSF -KKGERLQI- ------V--N -NTRKVDVRE -G--
X1_cSRC2    TTFV-ALYDY E-SR-TETD- -------LSF -RKGERLQI- ------V--N -N--------T EG
ASV_vYES    TVFV-ALYDY E-AR-TTDD- -------LSF -KKGERFQI- ------I--N -N--------T EG
C_cYES      TVFV-ALYDY E-AR-TTDD- -------LSF -KKGERFQI- ------I--N -N--------T EG
H_cYES1     TIFV-ALYDY E-AR-TTED- -------LSF -KKGERFQI- ------I--N -N--------T EG
X1_cYES     TVFV-ALYDY E-AR-TTED- -------LSF -RKGERFQI- ------I--N -N--------T EG
X1_cFYN     TLFV-ALYDY E-AR-TEDD- -------LSF -QKGEKFQI- ------L--N -S--------S EG
H_cFYN      TLFV-ALYDY E-AR-TEDD- -------LSF -HKGEKFQI- ------L--N -S--------S EG
M_cFGR      TIFV-ALYDY E-AR-TGDD- -------LTF -TKGEKFHI- ------L--N -N--------T EY
H_cFGR      TLFI-ALYDY E-AR-TEDD- -------LTF -TKGEKFHI- ------L--N -N--------T EG
Ha_STK      TIFV-ALYDY E-AR-ISAD- -------LSF -KKGERLQI- ------I--N -T--------A DG-------
```

```
H_HCK        IIVV-ALYDY E-AI-HHED- --------LSF -QKGDQMVV- -------L--E -E--------S -G--------
M_HCK        TIVV-ALYDY E-AI-HRED- --------LSF -QKGDQMVV- -------L--E -E--------A -G--------
H_LYN        DIVV-ALYPY D-GI-HPDD- --------LSF -KKGEKMKV- -------L--E -E--------H -G--------
M_BLK        R-FVVALFDV A-AV-NDRD- --------LQV -LKGEKLQV- -------L--R -S--------T -G--------
M_LSKT       N-LVIALHSY E-PS-HDGD- --------LGF -EKGEQLRI- -------L--E -Q--------S -G--------
H_LCK        N-LVIALHSY E-PS-HDGD- --------LGF -EKGEQLRI- -------L--E -Q--------S -G--------
FSV_vABL     NLFV-ALYDF V-AS-GDNT- --------LSI -TKGEKLRV- -------L--G YN--------H NG--------
Dm_AML1      QLFV-ALYDF Q-AG-GENQ- --------LSL -KKGEQVRI- -------LSYN -K--------S -G--------
C_cTKL       KLVV-ALYDY E-PT-HDGD- --------LGL -KQGEKLRV- -------L--E -E--------S -G--------
Ce_sem5/1    MEAV-AEHDF Q-AG-SPDE- --------LSF -KRGNTLKV- -------L--N -K--------D EDP-------
Ce_sem5/2    K-FVQALFDF N-PQ-ESGE- --------LAF -KRGDVITL- -------I--N -K--------D DP--------
Dm_SRC1      R-VVVSLYDY K-SR-DESD- --------LSF -MKGDRMEV- -------I--D -D--------T ES--------
ASV_GAGCRK   E-YVRALFDF K-GN-DDGD- --------LPF -KKGDILKI- -------R--D -K--------P EE--------
C_Spca       E-LVLALYDY Q-EK-SPRE- --------VTM -KKGDILTL- -------L--N -S--------T NK--------
Dm_Spca      E-CVVALYDY T-EK-SPRE- --------VSM -KKGDVLTL- -------L--N -S--------N NK--------
Dm_Spcb      P-HVKSLFPF E-GQ-G----- --------MKM -DKGEVMLL- -------K--S -K--------T ND--------
H_PLC        R-TVKALYDY K-AK-RSDE- --------LSF -CKGALIHN- -------V--S -K--------E PG--------
R_PLCII      C-AVKALFDY K-AQ-REDE- --------LTF -TKSAIIQN- -------V--E -K--------Q DG--------
B_PLCII      C-AVKALFDY K-AQ-REDE- --------LTF -TKSAIIQN- -------V--E -K--------Q EG--------
H_PLC1       C-AVKALFDY K-AQ-REDE- --------LTF -IKSAIIQN- -------V--E -K--------Q EG--------
H_RASA/GAP   R-RVRAILPY T-KVPDTDE- --------ISF -LKGDMFIV- -------H--N -E--------L ED--------
Ac_MILB      P-QVKALYDY D-AQ-TGDE- --------LTF -KEGDTIIV- -------H--Q -K--------D PA--------
Ac_MILC      E-QARALYDF A-AE-NPDE- --------LTF -NEGAVVTV- -------I--N -K--------S NP--------
H_HS1        ISAV-ALYDY Q-GE-GSDE- --------LSF -DPDDVITD- -------I--E -M--------V DE--------
H_VAV        G-TAKARYDF C-AR-DRSE- --------LSL -KEGDIIKI- -------L--N -K--------K -GQQ------
Dm_SRC2      KLVV-ALYLG K-AI-EGGD- --------LSV GEKNAEYEV- -------I--D -D--------S QE--------
R_CSK        TECI-AKYNF H-GT-AEQD- --------LPF -CKGDVLTI- -------V--A -V--------T KDP-------
H_NCK/1      V-VVVAKFDY V-AQ-QEQE- --------LDI -KKNERLWL- -------L--D -D--------S -K--------
H_NCK/2      MPAY-VKFNY M-AE-REDE- --------LSL -IKGTKVIV- -------M--E -K--------C SD--------
H_NCK/3      H-VVQALYPF S-SS-NDEE- --------LNF -EKGDVMDV- -------I--E -K--------P ENDP------
H_NCF1/1     Q-TYRAIANY E-KT-SGSE- --------MAL -STGDVVEV- -------V--E -K--------S ES--------
H_NCF1/2     EPYV-AIKAY T-AV-EGDE- --------VSL -LEGEAVEV- -------I--H -K--------L LD--------
H_NCF2/1     E-AHRVLFGF V-PE-TKEE- --------LQV -MPGNIVFV- -------L--K -K--------G ND--------
H_NCF2/2     S-QVEALFSY E-AT-QPED- --------LEF -QEGDIILV- -------L--S -K--------V NE--------
Y_ABP1       P-WATAEYDY D-AA-EDNE- --------LTF -VENDKIIN- -------I--E -F--------V DD--------
Y_BEM1/1     K-VIKAKYSY Q-AQ-TSKE- --------LSF -MEGEFFYV- -------S--G -D--------E -K--------
Y_BEM1/2     L-YAIVLYDF K-AE-KADE- --------LTT -YVGENLFI- -------C--A -H--------H NC--------
C_P80/85     ITAI-ALYDY Q-AA-GDDE- --------ISF -DPDDIITN- -------I--E -M--------I DD--------
Y_CDC25      GIVV-AAYDF N-YP-IKKDS SSQL----LSV -QQGETIYI- -------L--N -K--------N SS--------
```

121

```
Y_SCD25      D-VVECTYQY  F-TK-SRNK-  -------LSL  -RVGDLIYV-  -------L--T  -K-------G  SN---------
Y_FUS1       KTYT-VIQDY  E-PR-LTDE-  -------IRI  -SLGEKVKI-  -------L--A  -T-------H  TD---------
OC_CACB      F-AVRTNVGY  N-PS-PGDEV  PVEGVA-ITF  -EPKDFLHI-  -------K--E  -K-------Y  NN---------
Dm_DLG       L-YVRALFDY  D-PN-RDDGL  PSRG---LPF  -KHGDILHV-  -------T--N  -A-------S  DD---------
H_P55        M-FMRAQFDY  D-PK-KDNLI  PCKEAG-LKF  -ATGDIIQI-  -------I--N  -K-------D  DS---------
B_P85A       F-QYRALYPF  R-RE-RPED-  -------LEL  -LPGDVLVVS  RAALQAL--G  -V-------A  EGNERCPQSV
B_P85B       Y-QYRALYDY  K-KE-REEDI  DLHLGDILTV  -NKGS-LVA-  -------L--G  -F-------S  DGQEAKPEEI
M_P85B       Y-QYRALYDY  K-KE-REEDI  DLHLGDILTV  -NKGS-LVA-  -------L--G  -F-------S  DGPEARPEDI
Sp_STE6      F-QTTAISDY  ENSS-NPSF-  -------LKF  -SAGDTIIV-  -------I--E  -V-------L  ED---------
H_AtK        KKVV-ALYDY  M-PM-NAND-  -------LQL  -RKGDEYFI-  -------L--E  -E-------S  NL---------

ASV_vSRC     DWWLAHSLTT  --G-Q-----  ----------  -T--GYIPSN  YVAPSD
RSV_vSRC     DWWLAHSLTT  --G-Q-----  ----------  -T--GYIPSN  YVAPSD
H_cSRC1      DWWLAHSLST  --G-Q-----  ----------  -T--GYIPSN  YVAPSD
X1_cSRC1     DWWLARSLSS  --G-Q-----  ----------  -T--GYIPSN  YVAPSD
M_nSRC       DWWLAHSLST  --G-Q-----  ----------  -T--GYIPSN  YVAPSD
X1_cSRC2     DWWLARSLSS  --G-Q-----  ----------  -T--GYIPSN  YVAPSD
ASV_vYES     DWWEARSIAT  --G-K-----  ----------  -T--GYIPSN  YVAPAD
C_cYES       DWWEARSIAT  --G-K-----  ----------  -T--GYIPSN  YVAPAD
H_cYES1      DWWEARSIAT  --G-K-----  ----------  -N--GYIPSN  YVAPAD
X1_cYES      DWWEARSIAT  --G-K-----  ----------  -T--GYIPSN  YVAPAD
X1_cFYN      DWWEARSLTT  --G-G-----  ----------  -T--GYIPSN  YVAPVD
H_cFYN       DWWEARSLTT  --G-E-----  ----------  -T--GYIPSN  YVAPVD
M_cFGR       DWWEARSLSS  --G-H-----  ----------  -R--GYVPSN  YVAPVD
H_cFGR       DWWEARSLSS  --G-K-----  ----------  -T--GCIPSN  YVAPVD
Ha_STK       DWWYARSLIT  --N-S-----  ----------  -E--GYIPST  YVAPEK
H_HCK        EWWKARSLAT  --R-K-----  ----------  -E--GYIPSN  YVARVD
M_HCK        EWWKARSLAT  --K-K-----  ----------  -E--GYIPSN  YVARVN
H_LYN        EWWKAKSLLT  --K-K-----  ----------  -E--GFIPSN  YVAKLN
M_BLK        DWWLARSLVT  --G-R-----  ----------  -E--GYVPSN  FVAPVE
M_LSKT       EWWKAQSLTT  --G-Q-----  ----------  -E--GFIPFN  FVAKAN
H_LCK        EWWKAQ-STT  --G-Q-----  ----------  -E--GFIPFN  FVAKAN
FSV_vABL     EWCEAQTKN-  --G-Q-----  ----------  ----GWVPSN  YITPVN
Dm_AML1      EWCEAH-SS-  --G-N-----  ----------  -V--GWVPSN  YVTPLN
C_cTKL       EWWRAQSLTT  --G-Q-----  ----------  -E--GLIPHN  FVAMVN
Ce_sem5/1    HWYKAE-LD-  --G-N-----  ----------  -E--GFIPSN  YIRMTE
Ce_sem5/2    NWWEGQ-LN-  --N-R-----  ----------  -R--GIFPSN  YVCPYN
Dm_SRC1      DWWRVVNLTT  --R-Q-----  ----------  -E--GLIPLN  FVAEER
ASV_GAGCRK   QWWNAEDMD-  --G-K-----  ----------  -R--GMIPVP  YVEKCR
C_Spca       DWWKVE-VN-  --D-R-----  ----------  -Q--GFVPAA  YVKKLD
```

```
Dm_Spca      DWWKVE-VN-  --D-R-----  ----------  --Q--GFVPAA  YIKKID
Dm_Spcb      DWWCVRKDN-  --G-V-----  ----------  --E--GFVPAN  YVREVE
H_PLC        GWWKGD-YGT  --R-I-----  ----------  --Q--QYFPSN  YVEDIS
R_PLCII      GWWRGD-YGG  --K-K-----  ----------  --Q--LWFPSN  YVEEMI
B_PLCII      GWWRGD-YGG  --K-K-----  ----------  --Q--LWFPSN  YVEEMV
H_PLC1       GWWRGD-YGG  --K-K-----  ----------  --Q--LWFPSN  YVEEMV
H_RASA/GAP   GWMWVTNLRT  --D-E-----  ----------  --Q--GLIVED  LVEEVG
Ac_MILB      GWWEGE-LN-  --G-K-----  ----------  --R--GWVPAN  YVQDI-
Ac_MILC      DWWEGE-LN-  --G-Q-----  ----------  --R--GVFPAS  YVELIP
H_HS1        GWWRGR-CH-  --G-H-----  ----------  --F--GLFPAN  YVKLLE
H_VAV        GWWRGE-IY-  --G-R-----  ----------  --V--GWFPAN  YVEEDY
Dm_SRC2      HWWKVK-DAL  --G-N-----  ----------  --V--GYIPSN  YVQAEA
R_CSK        NWYKAKNKV-  --G-R-----  ----------  --E--GIIPAN  YVQKRE
H_NCK/1      SWWRVRNSM-  --N-K-----  ----------  --T--GFVPSN  YVERKN
H_NCK/2      GWWRGS-YN-  --G-Q-----  ----------  --V--GWFPSN  YVTEEG
H_NCK/3      EWWKCRKIN-  --G-M-----  ----------  --V--GLVPKN  YVTVMQ
H_NCF1/1     GWWFCQ-MK-  --A-K-----  ----------  --R--GWIPAS  FLEPLD
H_NCF1/2     GWWVIR-KD-  --D-V-----  ----------  --T--GYFPSM  YLQKSG
H_NCF2/1     NWATVM-FN-  --G-Q-----  ----------  --K--GLVPCN  YLEPVE
H_NCF2/2     EWLEGE-CK-  --G-K-----  ----------  --V--GIFPKV  FVEDCA
Y_ABP1       DWWLGE-LKD  --G-S-----  ----------  --K--GLFPSN  YVSLGN
Y_BEM1/1     DWYKASNPST  --G-K-----  ----------  --E--GVVPKT  YFEVFD
Y_BEM1/2     EWFIAKPIGR  L-G-G-----  ----------  --P--GLVPVG  FVSIID
C_P80/85     GWWRGV-CK-  --G-R-----  ----------  --Y--GLFPAN  YVELRQ
Y_CDC25      GWWDGLVIDD  SNG-KVN---  ----------  --R--GWFPQN  FGRPLR
Y_SCD25      GWWDGV-LI-  --R-HSANNN  NNNSLILD--  --R--GWFPPS  FTRSIL
Y_FUS1       GWCLVEKCNT  --Q-KGSIHV  SVDDKRYLNE  DR--GIVPGD  CLQEYD
OC_CACB      DWWIGRLVKE  --GCE-----  ----------  --V--GFIPSP  VKLDSL
Dm_DLG       EWWQARRVL-  --GDNEDEQ-  ----------  --I--GIVPSK  RRWERK
H_P55        NWWQGRVEGS  --S-K-----  ----------  -ESAGLIPSP  ELQEWR
B_P85A       GWMPGLNERT  --R-Q-----  ----------  --R--GDFPGT  YVEFLG
B_P85B       GWLNGYNETT  --G-E-----  ----------  --R--GDFPGT  YVEYIG
M_P85B       GWLNGYNETT  --G-E-----  ----------  --R--GDFPGT  YVEYIG
Sp_STE6      GWCDGI-CS-  --E-K-----  ----------  --R--GWFPTS  CIDSSK
H_AtK        PWWRARDKN-  --G-Q-----  ----------  --E--GYIPSN  YVTEAE
                        *
```

图 4-20　64 条 SH3 结构域蛋白序列的 SAPHMM 程序的
多重序列联配结果

将我们的多重序列联配的结果图 4-19、图 4-20 与 HMMer 程序和

ClustalW 程序产生的多重序列联配结果附录 D、附录 F 进行比较,可以看到我们的程序可以得到较好的多重序列联配结果.

4.4　本章小结

通过第三章对剖面隐马氏模型训练算法的研究,我们看到现有剖面隐马氏模型训练算法在实际应用时存在着许多不足之处,例如在使用 Baum-Welch 重估计(EM)算法训练剖面隐马氏模型参数时,均假定模型的主状态数是已知,而这往往不符合实际;等等. 因此,本章我们做了以下几个方面的工作:

（1）提出了一个两阶段(参数和构形)交替优化算法,简称为自适应剖面隐马氏模型,使得在参数估计的同时,模型拓扑构形也自动地得到优化;

（2）给出了单序列数据和多序列数据的两阶段优化公式;

（3）开发了基于自适应剖面隐马氏模型的程序,通过实际的例子,我们介绍了如何使用两种基于不同平台(WINDOWS 平台和 LINUX 平台)的软件;

（4）使用自适应剖面隐马氏模型程序对 50 条球蛋白序列和 64 条取自 SH3 结构域序列进行多重序列联配,并与 HMMer 程序和 Clustal W 程序进行了比较,可以看到我们的程序能得到较好的联配结果.

第五章　总结与展望

5.1　论文工作的总结

隐马氏模型是处理生物信息学中各种问题的重要工具,现在正发挥着越来越重要的作用. 自 20 世纪 80 年代末开始应用于生物信息学,迄今只有短短 10 年多的时间,已显示出强大的优越性,吸引了大量学者对其进行研究.

由于隐马氏模型在实际应用中还存在不足,本文的工作是在摸索中进行的. 在摸索的过程中,亦走了不少弯路,可喜的是,经过努力,本文实现了最初的愿望.

本文首先对剖面隐马氏模型进行了研究讨论. 基于贝叶斯推断分析,在假设剖面隐马氏模型参数的先验分布均为 Dirichlet 分布的前提,推导了贝叶斯 Baum-Welch 重估计(EM)算法公式. 用实际的生物序列例子说明了 Baum-Welch 重估计(EM)算法是一种局部优化算法,最终的剖面隐马氏模型的质量取决于初始参数值的选取. 提出了一种基于模拟退火算法的剖面隐马氏模型参数的优化算法,验证了初始解的随机选取或指定对最终的求解结果基本没有影响,从而可以有效地避免 Baum-Welch 重估计(EM)算法陷入局部最优解的问题. 首先,在隐马氏模型系统中,模型参数的初始化对于模型训练的性能是至关重要的. 对基于启发式方法和极大化后验构建算法确定和调整剖面隐马氏模型主状态数进行了比较研究,用实例说明了贝叶斯信息准则在选取剖面隐马氏模型主状态数时的有效性. 针对剖面隐马氏模型的总总不足之处,本文提出了自适应剖面隐马氏模型的概念,使得在估计模型参数的同时,能自动地优化模型的拓扑构形.开发了一套基于自适应剖面隐马氏模型解决生物信息学中各种主要问题的软件系统,本文主要用于解决多重序列联配问题.

5.2 存在的问题和进一步工作

隐马氏模型有一些重要的局限性.其中一个就是隐马氏模型不能获得任何高阶相关性.隐马氏模型假定特定位置的特性与所有其他位置的特性是独立的.在生物学中,并不是这样的情形.事实上,在这些概率间有强的依赖性.例如,疏水氨基酸彼此之间更接近.因为这些分子怕水,它们聚集在蛋白质的内部,而不在表面.

生物序列分析算法将 DNA、RNA 和蛋白质分子视为核苷酸或氨基酸残基序列.大多数算法进一步假设残基间的不相关性.第二个假设在结构上是不符合实际的.例如,RNA 序列产生强的长程相关性,形成其二级结构.蛋白质和核苷酸的三维折叠包括一级序列并不相邻的残基间广泛的物理相互作用.必须采用处理残基间长程相关性的模型.

随着生物技术的发展,生物信息处理技术必须进行改进以适应这种形式.而对生物信息数据库这种大数据量的处理,采取并行技术是其必然的趋势,本课题所做的介绍以及优化工作只是这种工作的一个开始,以后将会有更多的应用及研究成果出现.

随着基因组计划的深入,我们将面对越来越多的问题,诸如,如何避免基因横向传递、逆向传递在基于完整基因组数据的生物进化研究中造成的误差?基因表达产物是否出现与何时出现?基因表达产物的定量程度是多少?是否存在翻译后的修饰过程,如果存在,如何修饰?基因敲除或基因过度表达的影响是多少?尽管所有的结构和相互作用信息都存贮在 DNA 序列中,但生物信息学的方法还是不能准确找到启动子的位置.计算机预测还存在过度预测问题,等等.

由于时间的限制,与本课题有关的几个议题有待进一步研究:一是关于避免 Baum-Welch 重估计(EM)算法陷入局部最优的全局最优算法的研究；二是位相型隐马氏模型的研究，也就是考虑到限定后效的高阶隐马氏模型；三是生物学上的事实促使对新的统计模型的研究. 据报道，隐马氏模型与神经网络（Neural Nets）、动态贝叶斯网（Dynamic Bayesian Nets）、阶乘隐马氏模型（Factorial HMMs）、Boltzmann 树（Trees）和隐马氏随机域（Hidden Markov Random Fields）的混合已在研究，这将促使隐马氏模型在生物信息学中发挥出更大的潜力.

参 考 文 献

[1] Paolella P. Introduction to Molecular Biology, McGraw-Hill Companies, Inc., 2001.

[2] Waterman M. Introduction to Computational Biology: Maps, Sequences and Genome, Chapman and Hall, London, Glasgow, Weinheim, New York, Melbourne, Madras, 1995.

[3] Alberts B., et al. Molecular Biology of the Cell, New York and London: Garland Publishing, Inc., 1994.

[4] 朱玉贤,李毅. 现代分子生物学,北京:高等教育出版社,1997.

[5] 阎隆飞,张玉鳞. 分子生物学,北京:北京农业大学出版社,1993.

[6] Watson J. D., Crick F. H. Molecular structure of nucleic acids: A structure for Deoxyribose nucleic acid. Nature, 1953; 171: 737-738.

[7] 李振刚. 分子遗传学,北京:科学出版社,2000.

[8] Hartl D. L., Jones E. W. Genetics: Analysis of Genes and Genomes, Fifth Edition, Jones and Bartlett Publishers, Ins., 2001.

[9] Minoru Kanehisa. Post-genome Informatics, The Oxford University Press, 2001.

[10] Claverie J. M. Gene number: What if there are only 30,000 human genes? Science, 2001; 291: 1255-1257.

[11] Venter J. C., et al. The sequence of the human genome. Science, 2001; 291: 1304-1351.

[12] Schuler G. D., et al. A gene map of the human genome. Science, 1996; 274: 540-546.

[13] Adams M., et al. The human genome: Science genome map. Science, 2001; 291: 1218.

[14] Roberts L., et al. A history of the human genome project. Science, 2001; 291: 1195.

[15] http://www. ornl. gov/TechResources/Human _ Genome/ project/project. html, 1997.

[16] Olivier M., et al. A high-resolution radiation hybrid map of the human genome draft sequence. Science, 2001; 291: 1298 -1302.

[17] 阎隆飞,孙之荣. 蛋白质分子结构,北京:清华大学出版社,1999.

[18] 来鲁华. 蛋白质的结构预测与分子设计,北京:北京大学出版社,1993.

[19] Branden C., Tooze J. Introduction to Protein Structure, New York: Garland Publishing, 1991.

[20] 郝柏林,张淑誉. 生物信息学手册,上海:上海科学技术出版社,2000.

[21] Baldi P., Brunak S. Bioinformatics: The Machine Learning Approach, Cambridge, Massachusetts London, England: The MIT Press, 1998.

[22] Birney E. Sequence Alignment in Bioinformatics, The Sanger Center, Cambridge, U. K., 2000.

[23] Baldi P., et al. Exploiting the past and the future in protein secondary structure prediction. Bioinformatics, 1999; 15: 937 - 946.

[24] Burge C., Karlin S. Prediction of complete gene structures in human genomic DNA. Journal of Molecular Biology, 1997; 268: 78 - 94.

[25] Gusfield D. Algorithms on Strings, Trees and Sequences.

Computer Science and Computational Biology, Cambridge: Cambridge University Press, 1997.

[26] 赵国屏. 生物信息学,北京:科学出版社,2002.

[27] 罗静初译. 生物信息学概论,北京:北京大学出版社,2002.

[28] 李衍达,孙之荣译. 生物信息学——基因和蛋白质分析的实用指南,北京:清华大学出版社,2000.

[29] Benson D. A., et al. GenBank. Nucleic Acids Research, 2002; 30: 17 - 20.

[30] Stoesser G., et al. The EMBL nucleotide sequence database. Nucleic Acids Research, 2002; 30: 21 - 26.

[31] Tateno Y., et al. DNA data bank of Japan (DDBJ) for genome scale research in life science. Nucleic Acids Research, 2002; 30: 27 - 30.

[32] Bairoch A., Apweiler R. The SWISS-PROT protein sequence data bank and its supplement TrEMBL. Nucleic Acids Research, 1997; 25: 31 - 36.

[33] Wu C. H., et al. The protein information resource: an integrated public resource of functional annotation of proteins. Nucleic Acids Research, 2002; 30: 35 - 37.

[34] Westbrook J., et al. The protein data bank: unifying the archive. Nucleic Acids Research, 2002; 30: 245 - 248.

[35] Letovsky S. I., et al. GDB: the human genome database. Nucleic Acids Research, 1998; 26: 94 - 99.

[36] Wingender E., et al. TRANSFAC: an integrated system for gene expression regulation. Nucleic Acids Research, 2000; 28: 316 - 319.

[37] Conte L. L., et al. SCOP database in 2002: refinements accommodate structural genomics. Nucleic Acids Research, 2002; 30: 264 - 267.

[38] Falquet L. , et al. The PROSITE database, its status in 2002. Nucleic Acids Research, 2002; 30: 235 - 238.

[39] Hofmann K. , Stoffel W. Tmbase — A database of membrane spanning proteins segments. Biology Chemistry, 1993; 374: 166.

[40] Tatusov R. L. , et al. The COG database: a tool for genome-scale analysis of protein functions and evolution. Nucleic Acids Research, 2000; 28: 33 - 36.

[41] Bateman A. , et al. The Pfam protein families database. Nucleic Acids Research, 2002; 30: 276 - 280.

[42] Henikoff J. G. , et al. Increased coverage of protein families with the Blocks database servers. Nucleic Acids Research, 2000; 28: 228 - 230.

[43] Kabsch W. , Sander C. Dictionary of protein secondary structure: pattern recognition of hydrogen-bonded and geometrical features. Biopolymers, 1983; 22(12): 2577 - 2637.

[44] Holm L. , Sander C. Protein folds and families: sequence and structure alignments. Nucleic Acids Research, 1999; 27: 244 - 247.

[45] Dodge C. , Schneider R. , Sander C. The HSSP database of protein structure-sequence alignments and family profiles. Nucleic Acids Research, 1998; 26: 309 - 312.

[46] Kanehisa M. , et al. The KEGG databases at GenomeNet. Nucleic Acids Research, 2002; 30: 42 - 46.

[47] Xenarios I. , et al. DIP, the database of interacting proteins: a research tool for studying cellular networks of protein interactions. Nucleic Acids Research, 2002; 30: 303 - 305.

[48] Dralyuk I. , et al. ASDB: database of alternatively spliced genes. Nucleic Acids Research, 2000; 28: 296 - 297.

[49] Kolchanov N. A. , et al. Transcription regulatory regions database (TRRD): its status in 2002. Nucleic Acids Research, 2002; 30: 312 – 317.

[50] Discala C. , et al. Dbcat: a catalog of 500 biological databases. Nucleic Acids Research, 2000; 28: 8 – 9.

[51] Durbin S. , et al. Biological Sequence Analysis: Probabilistic Models of Proteins and Nucleic Acids, London: Cambridge University Press, Cambridge UK, 1998.

[52] 张春霆. 用几何学方法分析 DNA 序列. 中国科学基金, 1999; 3: 152 – 153.

[53] 郝柏林, 刘寄星. 理论物理和生命科学, 上海: 上海科学技术出版社, 1999.

[54] Santner T. J. , Duffy D. E. The Statistical Analysis of Discrete Data, New York: Springer Verlag, 1989.

[55] Berger J. Statistical Decision Theory and Bayesian Analysis, New York: Springer-Verlag, 1985.

[56] Dassow G. , et al. The segment polarity network is robust developmental module. Nature, 2000; 406(6792): 188 – 192.

[57] Ross S. M. Stochastic Processes, New York: John Wiley & Sons, 1983.

[58] 史定华. 随机模型的密度演化方法, 北京: 科学出版社, 1999.

[59] 钱敏平, 龚光鲁. 随机过程论, 第二版. 北京: 北京大学出版社, 1997.

[60] 何声武. 随机过程引论, 北京: 高等教育出社, 1999.

[61] Bird A. CpG islands as gene markers in the vertebrate nucleus. Trends in Genetics, 1987; 3: 342 – 347.

[62] Rabiner L. R. , Juang B. H. An introduction to hidden Markov models. In IEEE Acoustics, Speech & Signal Processing Magazine, 1986; 3: 4 – 16.

[63] Rabiner L. R. A tutorial on hidden Markov models and selected applications in speech recognition. In: Proceedings of the IEEE, 1989; 77(2): 257 – 286.

[64] Becker J., Honerkamp J., Hirsch J. Analysing ion channels with hidden Markov models. Pflugers Archiv. European Journal of Physiology, 1994; 436.

[65] Venkataramanan L., Kuc R., Sigworth F. J. Identification of hidden Markov models for ion channel currents-part Ⅲ: Bandlimited sampled data. IEEE Transactions on Signal Processing, 2000; 48(2): 376.

[66] Levinson S. E. Structural methods in automatic speech recognition, In: Proceedings of IEEE. 1985; 73: 1625 – 1650.

[67] Churchill G. A. Stochastic models for heterogeneous DNA sequences. Bulletin of Mathematical Biology, 1989; 51: 79 – 94.

[68] Gough J., Chothia C. SUPERFAMILY: HMMs representing all proteins of known structure. SCOP sequence searches, alignments, and genome assignments. Nucleic Acids Research, 2002; 30(1): 268 – 272.

[69] Baum L. E., Petrie T. Statistical inference for probabilistic functions of finite state Markov chains. Annals of Mathematical Statistics, 1966; 37: 1554 – 1563.

[70] Baum L. E., et al. A maximization technique occurring in the statistical analysis of probabilistic functions of Markov processes. Annals of Mathematical Statistics, 1970; 41: 164 – 171.

[71] Baum L. E. An inequality and associated maximization technique in statistical estimation for probabilistic of Markov process. Inequalities, 1972; 3: 1 – 8.

[72] Baker J. K. The dragon system — an overview. IEEE

Transactions on Acoustics, Speech, and Signal Processing, 1975; ASSP-23(1): 24 – 29.

[73] Jelinek F. Continuous speech recognition by statistical methods. In: Proceedings of the IEEE, 1976: 532 – 556.

[74] Forney D. Viterbi algorithm. In: Proceedings of the IEEE, 1973; 61(3): 268 – 278.

[75] Dempster A. P. , Laird N. M. , Rubin D. B. Maximum likelihood from incomplete data via the EM algorithm. Journal of the Royal Statistical Society Series B (methodological), 1977; 39(1): 1 – 38.

[76] Khuri A. I. Advanced Calculus with Applications in Statistics, New York: John Wiley and Sons, Inc. 1993.

[77] Krogh A. , et al. Hidden Markov models in computational biology: Applications to protein modeling. Journal of Molecular Biology, 1994; 235: 1501 – 1531.

[78] Eddy S. R. Profile hidden Markov models. Bioinformatics, 1998; 14: 755 – 763.

[79] Henderson J. , Salzberg S. , Fasman K. Finding Genes in Human DNA with a Hidden Markov Model. Journal of Computational Biology, 1997; 4(2): 127 – 141.

[80] Krogh A. Gene finding: putting the parts together. In Martin J. Bioshop, editor, Guide to Human Genome Computing, Academic Press, San Diego, CA Chapter 11, 1998: 261 – 274.

[81] Krogh A. Using database matches with HMMgene for automated gene detection in Drosophila. Genome Research, 2000; 10(4): 523 – 528.

[82] Lukashin A. V. , Borodovsky M. GeneMark. hmm: new solutions for gene finding. Nucleic Acids Research, 1998; 26: 1107 – 1115.

[83] Kulp D. , et al. A generalized hidden Markov model for recognition of human genes in DNA. In: States D. J. , et al. , eds. Proceedings of the Fourth International Conference on Intelligent Systems for Molecular Biology, Menlo Park, CA: AAAI Press, 1996: 134 – 142.

[84] Burg C. , Karlin S. Prediction of complete gene structures in human genomic DNA. Journal of Molecular Biology, 1997; 268: 78 – 94.

[85] Sonnhammer E. L. L. , Heijine G. , Krogh A. A hidden Markov model for predicting transmembrane helices in protein sequences. In: Glasgow J. , et al. , eds. Proceedings of the Sixth International Conference on Intelligent Systems for Molecular Biology, AAAI Press, 1998; 6: 175 – 182.

[86] Krogh A. , et al. Predicting transmembrane protein topology with a hidden Markov model: Application to complete genomes. Journal of Molecular Biology, 2001; 305 (3): 567 – 580.

[87] Eddy S. HMMER: A profile hidden Markov modeling package, Available from http://hmmer. wustl. edu/.

[88] Eddy S. HMMER User's Guide: Biological sequence analysis using profile hidden Markov models, 1998, http://hmmer. wustl. edu/.

[89] McClure M. , Smith C. , Elton P. Parameterization studies for the SAM and HMMER methods of hidden Markov model generation. In: States D. J. , et al. , eds. Proceedings of the Fourth International Conference on Intelligent Systems for Molecular Biology, Menlo Park, CA: AAAI Press, 1996: 155 – 164.

[90] Eddy S. R. Hidden Markov models and Large-Scale Genome

Analysis. Transactions of the American Crystallographic Association, 1997, from a talk on HMMER and Pfam given at the 1997 ACA annual meeting in St. Louis.

[91] Hughey R. , Krogh A. Hidden Markov models for sequence analysis: Extension and analysis of the basic model. Computer Applications in the Biosciences, 1996; 12(2): 95 – 107.

[92] Hughey R. , Karplus K. , Krogh A. SAM: Sequence alignment and modeling software system, version 3. Technical Report UCSC-CRL-99 – 11, University of California, Santa Cruz, Computer Engineering, UC Santa Cruz, CA 95064, October 1999.

[93] Karplus K. , Hu B. Evaluation of protein multiple alignments by SAM-T99 using the BAliBASE multiple alignment test set. Bioinformatics, 2001; 17: 713 – 720.

[94] Karplus K. , Barrett C. , Hughey R. Hidden Markov models for detecting remote protein homologies. Bioinformatics, 1998; 14(10): 846 – 856.

[95] Karplus K. , et al. Predicting protein structure using only sequence information. Proteins: Structure, Function, and Genetics, 1999; Supplement 3(1): 121 – 125.

[96] http://www. netid. com/html/hmmpro. html.

[97] Birney E. , Durbin R. Using genewise in the drosophila annotation experiment. Genome Research, 2000; 10(4): 547 – 548.

[98] Grundy W. N. , et al. Meta-MEME: Motif-based hidden Markov models of protein families. Computer Applications in the Biosciences, 1997; 13(4): 397 – 406.

[99] http://htk. eng. cam. ac. uk/.

[100] Krogh A. An introduction to hidden Markov models for biological sequences. In Computation Methods in Molecular

Biology, edited by Salzberg S. L., Searls D. B., Kasif S., Elsevier, Amsterdam, Chapter 4, 1998: 45 – 63.

[101] Krogh A., Mian I. S., Haussler D. A hidden Markov model that finds genes in E. coli DNA. Nucleic Acids Research, 1994; 22: 4768 – 4778.

[102] Tusnády G. E., Simon I. Principles governing amino acid composition of integral membrane proteins: applications to topology prediction. Journal of Molecular Biology, 1998; 283: 489 – 506.

[103] Tusnády G. E., Simon I. The HMMTOP transmembrane topology prediction server. Bioinformatics, 2001; 17: 849 – 850.

[104] Borodovsky M., McIninch J. GeneMark: parallel gene recognition for both DNA strands. Computers and Chemistry, 1993; 17(19): 123 – 133.

[105] Besemer J., Borodovsky M. Heuristic approach to deriving models for gene finding. Nucleic Acids Research, 1999; 27(19): 3911 – 3920.

[106] Besemer J., Lomsadze A., Borodovsky M. GeneMarkS: A self-training method for predicition of gene starts in microbial genomes. Implications for finding sequence motifs in regulatory regions. Nucleic Acids Research, 2001; 29(12): 2607 – 2618.

[107] Reese M. G., et al. Improved splice site detection in Genie. In: Proceedings of the First Annual International Conference on Computational Molecular Biology (RECOMB), 1997: 232 –240.

[108] Bateman A., et al. Pfam 3. 1: 1313 multiple alignments and profile HMMs match the majority of proteins. Nucleic Acids Research, 1999; 27(1): 260 – 262.

[109] Sonnhammer E. L. L. , Eddy S. R. , Durbin R. Pfam: A comprehensive database of protein families based on seed alignments. Proteins, 1997; 28: 405 - 420.

[110] Sonnhammer E. L. L. , et al. Pfam: Multiple sequence alignments and HMM-profiles of protein domains. Nucleic Acids Research, 1998; 26: 320 - 322.

[111] Ponting C. P. , et al. Smart: identification and annotation of domains from signalling and extracellular protein sequences. Nucleic Acids Research, 1999; 27(1): 229 - 232.

[112] Schultz J. , et al. SMART, a simple modular architecture research toll: identification of signaling domains. In: Proceedings of the National Academy of Sciences of the United States of America, 1998; 95: 5857 - 5864.

[113] Schutlz J. , et al. SMART: a web-based tool for the study of genetically mobile domains. Nucleic Acids Research, 2000; 28: 231 - 234.

[114] Letunic I. , et al. Recent improvements to the SMART domain-based sequence annotation resource. Nucleic Acids Research, 2002; 30: 242 - 244.

[115] http://smart. embl-heidelberg. de (Germany), http:// smart. ox. ac. uk(UK).

[116] Quackenbush J. , et al. The TIGR gene indices: reconstruction and representation of expressed gene sequences. Nucleic Acids Research, 2000; 28: 141 - 145.

[117] Haft D. H. , et al. TIGRFAMs: A protein family resource for the functional identification of proteins. Nucleic Acids Research, 2001; 29: 41 - 43.

[118] http://www. tigr. org/TIGRFAMs.

[119] Mount D. M. Bioinformatics: Sequence and Genome Analysis,

Cold Spring Harbor Laboratory Press，2002.

[120] Henikoff S. Scores for sequence searches and alignments. Current Opinion in Structural Biology，1996；6：353 - 360.

[121] Dayhoff M. O. , Schwartz R. M. , Orcutt B. C. A model of evolution change in proteins. In：Dayhoff M. O. ed. Atlas of Protein Sequence and Structure，National Biomedical Research Foundation，Washington D. C. , 1978；5（3）：345 -358.

[122] Henikoff S. , Henikoff J. G. Amino acid substitution matrices from protein blocks. In：Proceedings of the National Academy of Sciences of the USA，1992；89：10915 - 10919.

[123] Gribskov M. , McLachlan A. D. , Eisenberg D. Profile analysis：Detection of distantly related proteins. In：Proceedings of the National Academy of Sciences of the United States of America，1987；84(13)：4355 - 4358.

[124] Gribskov M. , Luthy R. , Eisenberg D. Profile analysis. Methods in Enzymology，1990；183：146 - 159.

[125] Bucher P. , Bairoch A. A generalized profile syntax for biomolecular sequence motifs and its function in automatic sequence interpretation. In：States D. J. , et al. , eds. Proceedings of the Second International Conference on Intelligent Systems for Molecular Biology，St. Louis：AAAI Press，1994：53 - 61.

[126] Bucher P. , et al. A flexible motif search technique based on generalized profiles. Computers and Chemistry，1996；20 (1)：3 - 24 .

[127] Barton G. J. Protein multiple sequence alignment and flexible pattern matching. Methods in Enzymology，1990；183：403 -427.

[128] Taylor W. R. Identification of protein sequence homology by consensus template alignment. Journal of Molecular Biology, 1986; 188: 233 - 258.

[129] Altschul S. F. , et al. Basic local alignment search tool. Journal of Molecular Biology, 1990; 215: 403 - 410.

[130] http://www. ncbi. nlm. nih. gov/BLAST; http://blast. wustl. edu.

[131] Pearson W. R. , Lipman D. J. Improved tools for biological sequence comparison. In: Proceedings of the National Academy of Sciences of the United States of America, 1988; 4: 2444 - 2448.

[132] http://www. fasta. genome. ad. jp.

[133] Smith T. F. , Waterman M. S. Identification of common molecular subsequences. Journal of Molecular Biology, 1981; 147: 195 - 197.

[134] Eddy S. Multiple alignment using hidden Markov model. In: Rawlings C. , et al. , eds. Proceedings of the Third International Conference on Intelligent Systems for Molecular Biology, Menlo Park, CA: AAAI/MIT Press, 1995: 114 - 120.

[135] Baldi P. , et al. Hidden Markov models of biological primary sequence information. In: Proceedings of the National Academy of Sciences of the United States of America, 1994; 91: 1059 - 1063.

[136] Baldi P. , Chauvin Y. Hidden Markov models of the G-protein-coupled receptor family. Journal of Computational Biology, 1994; 1: 311 - 335.

[137] Asai K. , Hayamizu S. , Handa K. Prediction of protein secondary structure by the hidden Markov model. Computer

Applications in the Biosciences, 1993; 9: 141 - 146.

[138] Chandonia J. M. , Karplus M. New methods for accurate prediction of protein secondary structure. Proteins, 1999; 35: 293 - 306.

[139] Karplus K. , et al. Predicting protein structure using hidden Markov models. Proteins: Structure, Function, and Genetics, 1997; Supplement 1: 134 - 139.

[140] Hubbard T. J. Use of b-strand interaction pseudo-potentials in protein structure prediction and modeling. In: Lathrop R. H. , eds. Proceedings of the Biotechnology Computing Track, Protein Structure Prediction MiniTrack of the 27th HICSS, IEEE Computer Society Press, 1994: 336 - 354.

[141] Eddy S. R. Hidden Markov models. Current Opinion in Structural Biology, 1996; 6: 361 - 365.

[142] Barrett C. , Hughey R. , Karplus K. Scoring hidden Markov models. Computer Applications in the Biosciences, 1997; 13 (2): 191 - 199.

[143] Levitt M. , Gerstein M. A unified statistical framework for sequence comparison and structure comparison. In: Proceedings of the National Academy of Sciences of the USA, 1998; 95: 5913 - 5920.

[144] Eddy S. , Mitchison G. , Durbin R. Maximum discrimination hidden Markov models of sequence consensus. Journal of Computational Biology, 1995; 2: 9 - 23.

[145] Altschul S. F. Amino acid substitution matrices from an information theoretic perspective. Journal of Molecular Biology, 1991; 219: 555 - 565.

[146] Karlin S. , Altschul S. F. Methods for assessing the statistical significance of molecular sequence features by using general

scoring schemes. In: Proceedings of the National Academy of Sciences of the USA, 1990; 87: 2264 - 2268.

[147] Schneider T. D., Stephens R. M. Sequence logos: a new way to display consensus sequences. Nucleic Acids Research, 1990; 18(20): 6097 - 6100.

[148] Speed T. P. 生物序列分析. 自然杂志, 2002; 24(5): 254 - 258.

[149] 茆诗松, 王静龙, 濮晓龙. 高等数理统计, 北京: 高等教育出版社, 1998.

[150] Kirkpatrick S., Gelatt C., Vecchi M. Optimization by simulated annealing. Science, 1983; 220: 671 - 680.

[151] Schwarz G. Estimating the dimension of a model. Annuals of Statistics, 1978; 6: 461 - 464.

[152] Thompson J. D., Plewniak F., Poch O. BAliBASE: a benchmark alignment database for the evaluation of multiple alignment programs. Bioinformatics, 1999; 15: 87 - 88.

[153] http://www-igbmc. u-strasbg. fr/BioInfo/BAliBASE/ref1/test1/2fxb_ref1. html.

[154] Carrillo H., Lipman D. J. The multiple sequence alignment problem in biology. SIAM Journal of Applied Mathematics, 1988; 48: 1073 - 1082.

[155] Notredame C. Recent progress in multiple sequence alignment: A survey. Pharmacogenomics, 2002; 3(1): 131 - 144.

[156] Thompson J. D., Plewniak F., Poch O. A comprehensive comparison of multiple sequence alignment programs. Nucleic Acids Research, 1999; 27(13): 2682 - 2690.

[157] Hannenhalli S. S., Russel R. B. Analysis and prediction of functional sub-types from protein sequence alignments. Journal of Molecular Biology, 2000; 303: 383 - 402.

[158] Lipman D. J., Altschul S. F., Kececioglu J. D. A tool for

multiple sequence alignment. In: Proceedings of the National Academy of Sciences of the United States of America, 1989; 86: 4412 – 4415.

[159] Stoyle J., Moulton V., Dress A. W. Dca: An efficient implementation of the divide-and-conquer approach to simultaneous multiple sequence alignment. Computer Applications in the Biosciences, 1997; 13(6): 625 – 626.

[160] Reinert K., Stoye J., Will T. Combining divide-and-conquer, the A*-algorithm, and successive realignment approaches to speed up multiple sequence alignment. In: Proceedings of GCB'99, 1999: 17 – 24.

[161] Thompson J. D., Higgins D. G., Gibson T. J. CLUSTAL W: Improving the sensitivity of progressive multiple sequence alignment through sequence weighting, position-specific gap penalties and weight matrix choice. Nucleic Acids Research, 1994; 22(22): 4673 – 4680.

[162] Higgins D. G., Thompson J. D., Gibson T. J. Using CLUSTAL for multiple sequence alignments. Methods in Enzymology, 1996; 266: 383 – 402.

[163] Jeanmougin F., et al. Multiple sequence alignment with Clustal X. Trends in Biochemical Sciences, 1998; 23(10): 403 – 405.

[164] Corpet F. Multiple sequence alignment with hierarchical clustering. Nucleic Acids Research, 1988; 16: 10881 – 10890.

[165] Group G. C. Program Manual for the GCG Package, Version 7, Genetics Computer Group, 575 Science Drive, Madison, Wisconsin, USA 53711, 1991.

[166] Smith R. F., Smith T. F. Pattern-induced multi-sequence alignment (PIMA) algorithm employing secondary

structure-dependent gap penalties for comparative protein modeling. Protein Engineering, 1992; 5(1): 35 – 41.

[167] Morgenstern B. , et al. Dialign: finding local similarities by multiple sequence alignment. Bioinformatics, 1998; 14(3): 290 – 294.

[168] Bucka-Lassen K. , Caprani O. , Hein J. Combining many multiple alignments in one improved alignment. Bioinformatics, 1999; 15: 122 – 130.

[169] Notredame C. , Higgins D. , Heringa J. T-Coffee: A novel method for multiple sequence alignments. Journal of Molecular Biology, 2000; 302: 205 – 217.

[170] Heringa J. Two strategies for sequence comparison: profile-preprocessed and secondary structure-induced multiple alignment. Computers and Chemistry, 1999; 23: 341 – 364.

[171] Brocchieri L. , Karlin S. A symmetric-iterated multiple alignment of protein sequences. Journal of Molecular Biology, 1998; 276: 249 – 264.

[172] Gotoh O. Optimal alignment between groups of sequences and its application multiple alignment. Computer Applications in the Biosciences, 1993; 9: 361 – 370.

[173] Notredame C. , Higgins D. G. SAGA: sequence alignment by genetic algorithm. Nucleic Acids Research, 1996; 24 (8): 1515 – 1524.

[174] Zhang C. , Wong A. K. A genetic algorithm for multiple molecular sequence alignment. Computer Applications in the Biosciences, 1997; 13(6): 565 – 581.

[175] Schuler G. D. , Altschul S. F. , Lipman D. J. A workbench for multiple alignment construction and analysis. Proteins, 1991; 9: 180 – 190.

［176］ Bailey T. L. , Gribskov M. Methods and statistics for combining motif match searches. Journal of Computational Biology, 1998; 5: 211 - 221.

［177］ Lawrence C. E. , et al. Detecting subtle sequence signals: a Gibbs sampling strategy for multiple alignment. Science, 1993; 262: 208 - 214.

附录 A　PAM250 计分矩阵

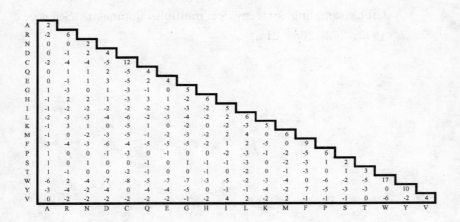

附录 B　BLOSUM62 计分矩阵

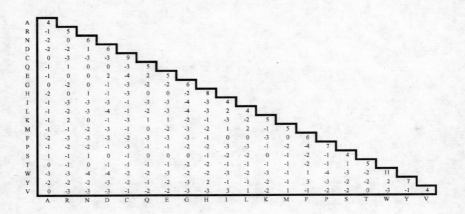

附录C 50条球蛋白序列

> LGB1_PEA
GFTDKQEALVNSSSEFKQNLPGYSILFYTIVLEKAPAAKGLFSFLKDTAGVEDSPKLQAHAEQVFGLVRDSAAQLRTKGEVVLGNATLGAIHVQKG
VTNPHFVVVKEALLQTIKKASGNNWSEELNTAWEVAYDGLATAIKKAMKTA
> LGB1_VICFA
GFTEKQEALVNSSSQLFKQNPSNYSVLFYTIILQKAPTAKAMFSFLKDSAGVVDSPKLGAHAEKVFGMVRDSAVQLRATGEVVLDGKDGSIHIQKG
VLDPHFVVVKEALLKTIKEASGDKWSEELSAAWEVAYDGLATAIKAA
> MYG_ESCGI
VLSDAEWQLVLNIWAKVEADVAGHGQDILIRLFKGHPETLEKFDKFKHLKTEAEMKASEDLKKHGNTVLTALGGILKKKGHHEAELKPLAQSHATK
HKIPIKYLEFISDAIIHVLHSRHPGDFGADAQAAMNKALELFRKDIAAKYKELGFQG
> MYG_HORSE
GLSDGEWQQVLNVWGKVEADIAGHGQEVLIRLFTGHPETLEKFDKFKHLKTEAEMKASEDLKKHGTVVLTALGGILKKKGHHEAELKPLAQSHATK
HKIPIKYLEFISDAIIHVLHSKHPGNFGADAQGAMTKALELFRNDIAAKYKELGFQG
> MYG_PROGU
GLSDGEWQLVLNVWGKVEGDLSGHGQEVLIRLFKGHPETLEKFDKFKHLKAEDEMRASEELKKHGTTVLTALGGILKKKGQHAAELAPLAQSHATK
HKIPVKYLEFISEAIQVLQSKHPGDFGADAQGAMSKALELFRNDIAAKYKELGFQG
> MYG_SAISC
GLSDGEWQLVLNIWGKVEADIPSHGQEVLISLFKGHPETLEKFDKFKHLKSEDEMKASEELKKHGTTVLTALGGILKKKGQHEAELKPLAQSHATK
HKIPVKYLELISDAIVHVLQKKHPGDFGADAQGAMKKALELFRNDMAAKYKELGFQG
> MYG_LYCPI
GLSDGEWQIVLNIWGKVETDLAGHGQEVLIRLFKNHPETLDKFDKFKHLKTEDEMKGSEDLKKHGNTVLTALGGILKKKGHHEAELKPLAQSHATK
HKIPVKYLEFISDAIIQVLQNKHSGDFHADTEAAMKKALELFRNDIAAKYKELGFQG
> MYG_MOUSE
GLSDGEWQLVLNVWGKVEADLAGHGQEVLIGLFKTHPETLDKFDKFKNLKSEEDMKGSEDLKKHGCTVLTALGTILKKKGQHAAEIQPLAQSHATK
HKIPVKYLEFISEIIIEVLKKRHSGDFGADAQGAMSKALELFRNDIAAKYKELGFQG
> MYG_MUSAN
VDWEKVNSVWSAVESDLTAIGQNILLRLFEQYPESQNHFPKFKNKSLGELKDTADIKAQADTVLSALGNIVKKKGSHSQPVKALAATHITTHKIPP
HYFTKITTIAVDVLSEMYPSEMNAQVQAAFSGAFKIICSDIEKEYKAANFQG
> HBA_AILME
VLSPADKTNVKATWDKIGGHAGEYGGEALERTFASFPTTKTYFPHFDLSPGSAQVKAHGKKVADALTTAVGHLDDLPGALSALSDLHAHKLRVDPV
NFKLLSHCLLVTLASHHPAEFTPAVHASLDKFFSAVSTVLTSKYR
> HBA_PROLO
VLSPADKANIKATWDKIGGHAGEYGGEALERTFASFPTTKTYFPHFDLSPGSAQVKAHGKKVADALTLAVGHLDDLPGALSALSDLHAYKLRVDPV
NFKLLSHCLLVTLACHHPAEFTPAVHASLDKFFTSVSTVLTSKYR
> HBA_PAGLA
VLSSADKNNIKATWDKIGSHAGEYGAEALERTFISFPTTKTYFPHFDLSHGSAQVKAHGKKVADALTLAVGHLEDLPNALSALSDLHAYKLRVDPV
NFKLLSHCLLVTLACHHPAEFTPAVHSALDKFFSAVSTVLTSKYR
> HBA_MACFA
VLSPADKTNVKAAWGKVGGHAGEYGAEALERMFLSFPTTKTYFPHFDLSHGSAQVKGHGKKVADALTLAVGHVDDMPQALSALSDLHAHKLRVDPV
NFKLLSHCLLVTLAAHLPAEFTPAVHASLDKFLASVSTVLTSKYR
> HBA_MACSI
VLSPADKTNVKDAWGKVGGHAGEYGAEALERMFLSFPTTKTYFPHFDLSHGSAQVKGHGKKVADALTLAVGHVDDMPQALSALSDLHAHKLRVDPV
NFKLLSHCLLVTLAAHLPAEFTPAVHASLDKFLASVSTVLTSKYR
> HBA_PONPY
VLSPADKTNVKTAWGKVGAHAGDYGAEALERMFLSFPTTKTYFPHFDLSHGSAQVKDHGKKVADALTNAVAHVDDMPNALSALSDLHAHKLRVDPV
NFKLLSHCLLVTLAAHLPAEFTPAVHASLDKFLASVSTVLTSKYR

> HBA2_GALCR
VLSPTDKSNVKAAWEKVGAHAGDYGAEALERMFLSFPTTKTYFPHFDLSHGSTQVKGHGKKVADALTNAVLHVDDMPSALSALSDLHAHKLRVDPV
NFKLLRHCLLVTLACHHPAEFTPAVHASLDKFMASVSTVLTSKYR

> HBA_MESAU
VLSAKDKTNISEAWGKIGGHAGEYGAEALERMFFVYPTTKTYFPHFDVSHGSAQVKGHGKKVADALTNAVGHLDDLPGALSALSDLHAHKLRVDPV
NFKLLSHCLLVTLANHHPADFTPAVHASLDKFFASVSTVLTSKYR

> HBA2_BOSMU
VLSAADKGNVKAAWGKVGGHAAEYGAEALERMFLSFPTTKTYFPHFDLSHGSAQVKGHGAKVAAALTKAVGHLDDLPGALSELSDLHAHKLRVDPV
NFKLLSHSLLVTLASHLPSDFTPAVHASLDKFLANVSTVLTSKYR

> HBA_ERIEU
VLSATDKANVKTFWGKLGGHGGEYGGEALDRMFQAHPTTKTYFPHFDLNPGSAQVKGHGKKVADALTTAVNNLDDVPGALSALSDLHAHKLRVDPV
NFKLLSHCLLVTLALHHPADFTPAVHASLDKFLATVATVLTSKYR

> HBA_FRAPO
VLSAADKNNVKGIFGKISSHAEDYGAEALERMFITYPSTKTYFPHFDLSHGSAQVKGHGKKVVAALIEAANHIDDIAGTLSKLSDLHAHKLRVDPV
NFKLLGQCFLVVVAIHHPSALTPEVHASLDKFLCAVGNVLTAKYR

> HBA_PHACO
VLSAADKNNVKGIFTKIAGHAEEYGAEALERMFITYPSTKTYFPHFDLSHGSAQIKGHGKKVVAALIEAVNHIDDITGTLSKLSDLHAHKLRVDPV
NFKLLGQCFLVVVAIHHPSALTPEVHASLDKFLCAVGTVLTAKYR

> HBA_TRIOC
VLSANDKTNVKTVFTKITGHAEDYGAETLERMFITYPPTKTYFPHFDLHHGSAQIKAHGKKVVGALIEAVNHIDDAGALSKLSDLHAQKLRVDPV
NFKLLGQCFLVVVAIHHPSVLTPEVHASLDKFLCAVGNVLSAKYR

> HBA_ANSSE
VLSAADKGNVKTVFGKIGGHAEEYGAETLQRMFQTFPQTKTYFPHFDLQPGSAQIKAHGKKVAAALVEAANHIDDIAGALSKLSDLHAQKLRVDPV
NFKFLGHCFLVVLAIHHPSLLTPEVHASMDKFLCAVATVLTAKYR

> HBA_COLLI
VLSANDKSNVKAVFAKIGGQAGDLGGEALERLFITYPQTKTYFPHFDLSHGSAQIKGHGKKVAEALVEAANHIDDIAGALSKLSDLHAQKLRVDPV
NFKLLGHCFLVVVAVHFPSLLTPEVHASLDKFVLAVGTVLTAKYR

> HBAD_CHLME
MLTADDKKLLTQLWEKVAGHQEEFGSEALQRMFLTYPQTKTYFPHFDLHPGSEQVRGHGKKVAAALGNAVKSLDNLSQALSELSNLHAYNLRVDPA
NFKLLAQCFQVVLATHLGKDYSPEMHAAFDKFLSAVAAVLAEKYR

> HBAD_PASMO
MLTAEDKKLIQQIWGKLGGAEEEIGADALWRMFHSYPSTKTYFPHFDLSQGSDQIRGHGKKVVAALSNAIKNLDNLSQALSELSNLHAYNLRVDPV
NFKFLSQCLQVSLATRLGKEYSPEVHSAVDKFMSAVASVLAEKYR

> HBAZ_HORSE
SLTKAERTMVVSIWGKISMQADAVGTEALQRLFSSYPQTKTYFPHFDLHEGSPQLRAHGSKVAAAVGDAVKSIDNVAGALAKLSELHAYILRVDPV
NFKFLSHCLLVTLASRLPADFTADAHAAWDKFLSIVSSVLTEKYR

> HBA4_SALIR
SLSAKDKANVKAIWGKILPKSDEIGEQALSRMLVVYPQTKAYFSHWASVAPGSAPVKKHGITIMNQIDDCVGHMDDLFGFLTKLSELHATKLRVDP
TNFKILAHNLIVVIAAYFPAEFTPEIHLSVDKFLQQLALALAEKYR

> HBB_ORNAN
VHLSGGEKSAVTNLWGKVNINELGGEALGRLLVVYPWTQRFFEAFGDLSSAGAVMGNPKVKAHGAKVLTSFGDALKNLDDLKGTFAKLSELHCDKL
HVDDPENFNRLGNVLIVVLARHFSKDFSPEVQAAWQKLVSGVAHALGHKYH

> HBB_TACAC
VHLSGSEKTAVTNLWGHVNVNELGGEALGRLLVVYPWTQRFFESFGDLSSADAVMGNAKVKAHGAKVLTSFGDALKNLDNLKGTFAKLSELHCDKL
HVDDPENFNRLGNVLVVVLARHFSKEFTPEAQAAWQKLVSGVSHALAHKYH

> HBE_PONPY
VHFTAEEKAAVTSLWSKMNVEEAGGEALGRLLVVYPWTQRFFDSFGNLSSPSAILGNPKVKAHGKKVLTSFGDAIKNMDNLKTTFAKLSELHCDKL
HVDPENFKLLGNVMVIILATHFGKEFTPEVQAAWQKLVSAVAIALAHKYH

> HBB_SPECI
VHLSDGEKNAISTAWGKVHAAEVGAEALGRLLVVYPWTQRFFDSFGDLSSASAVMGNAKVKAHGKKVIDSFSNGLKHLDNLKGTFASLSELHCDKL
HVDPENFKLLGNMIVIVMAHHLGKDFTPEAQAAFQKVVAGVANALAHKYH

> HBB_SPETO
VHLTDGEKNAISTAWGKVNAAEIGAEALGRLLVVYPWTQRFFDSFGDLSSASAVMGNAKVKAHGKKVIDSFSNGLKHLDNLKGTFASLSELHCDKL
HVDPENFKLLGNMIVIVMAHHLGKDFTPEAQAAFQKVVAGVANALSHKYH

```
> HBB_EQUHE
VQLSGEEKAAVLALWDKVNEEEVGGEALGRLLVVYPWTQRFFDSFGDLSNPAAVMGNPKVKAHGKKVLHSFGEGVHHLDNLKGTFAQLSELHCDKL
HVDPENFRLLGNVLVVVLARHFGKDFTPELQASYQKVVAGVANALAHKYH
> HBB_SUNMU
VHLSGEEKACVTGLWGKVNEDEVGAEALGRLLVVYPWTQRFFDSFGDLSSASAVMGNPKVKAHGKKVLHSLGEGVANLDNLKGTFAKLSELHCDKL
HVDPENFRLLGNVLVVVLASKFGKEFTPPVQAAFQKVVAGVANALAHKYH
> HBB_CALAR
VHLTGEEKSAVTALWGKVNVDEVGGEALGRLLVVYPWTQRFFESFGDLSTPDAVMNNPKVKAHGKKVLGAFSDGLTHLDNLKGTFAHLSELHCDKL
HVDPENFRLLGNVLVCVLAHHFGKEFTPVVQAAYQKVVAGVANALAHKYH
> HBB_MANSP
VHLTPEEKTAVTTLWGKVNVDEVGGEALGRLLVVYPWTQRFFDSFGDLSSPDAVMGNPKVKAHGKKVLGAFSDGLNHLDNLKGTFAQLSELHCDKL
HVDPENFKLLGNVLVCVLAHHFGKEFTPQVQAAYQKVVAGVANALAHKYH
> HBB_URSMA
VHLTGEEKSLVTGLWGKVNVDEVGGEALGRLLVVYPWTQRFFDSFGDLSSADAIMNNPKVKAHGKKVLNSFSDGLKNLDNLKGTFAKLSELHCDKL
HVDPENFKLLGNVLVCVLAHHFGKEFTPQVQAAYQKVVAGVANALAHKYH
> HBB_RABIT
VHLSSEEKSAVTALWGKVNVEEVGGEALGRLLVVYPWTQRFFESFGDLSSANAVMNNPKVKAHGKKVLAAFSEGLSHLDNLKGTFAKLSELHCDKL
HVDPENFRLLGNVLVIVLSHHFGKEFTPQVQAAYQKVVAGVANALAHKYH
> HBB_TUPGL
VHLSGEEKAAVTGLWGKVDLEKVGGQSLGSLLIVYPWTQRFFDSFGDLSSPSAVMSNPKVKAHGKKVLTSFSDGLNHLDNLKGTFAKLSELHCDKL
HVDPENFRLLGNVLVRVLACNFGPEFTPQVQAAFQKVVAGVANALAHKYH
> HBB_TRIIN
VHLTPEEKALVIGLWAKVNVKEYGGEALGRLLVVYPWTQRFFEHFGDLSSASAIMNNPKVKAHGEKVFTSFGDGLKHLEDLKGAFAELSELHCDKL
HVDPENFRLLGNVLVCVLARHFGKEFSPEAQAAYQKVVAGVANALAHKYH
> HBB_COLLI
VHWSAEEKQLITSIWGKVNVADCGAEALARLLIVYPWTQRFFSSFGNLSSATAISGNPNVKAHGKKVLTSFGDAVKNLDNIKGTFAQLSELHCDKL
HVDPENFRLLGDILVIILAAHFGKDFTPECQAAWQKLVRVVAHALARKYH
> HBB_LARRI
VHWSAEEKQLITGLWGKVNVADCGAEALARLLIVYPWTQRFFASFGNLSSPTAINGNPMVRAHGKKVLTSFGEAVKNLDNIKNTFAQLSELHCDKL
HVDPENFRLLGDILIIVLAAHFAKDFTPDSQAAWQKLVRVVAHALARKYH
> HBB1_VAREX
VHWTAEEKQLICSLWGKIDVGLIGGETLAGLLVIYPWTQRQFSHFGNLSSPTAIAGNPRVKAHGKKVLTSFGDAIKNLDNIKDTFAKLSELHCDKL
HVDPTNFKLLGNVLVIVLADHHGKEFTPAHHAAYQKLVNVVSHSLARRYH
> HBB2_XENTR
VHWTAEEKATIASVWGKVDIEQDGHDALSRLLVVYPWTQRYFSSFGNLSNVSAVSGNVKVKAHGNKVLSAVGSAIQHLDDVKSHLKGLSKSHAEDL
HVDPENFKRLADVLVIVLAAKLGSAFTPQVQAVWEKLNATLVAALSHGYF
> HBBL_RANCA
VHWTAEEKAVINSVWQKVDVEQDGHEALTRLFIVYPWTQRYFSTFGDLSSPAAIAGNPKVHAHGKKILGAIDNAIHNLDDVKGTLHDLSEEHANEL
HVDPENFRRLGEVLIVVLGAKLGKAFSPQVQHVWEKFIAVLVDALSHSYH
> HBB2_TRICR
VHLTAEDRKEIAAILGKVNVDSLGGQCLARLIVVNPWSRRYFHDFGDLSSCDAICRNPKVLAHGAKVMRSIVEATKHLDNLREYYADLSVTHSLKF
YVDPENFKLFSGIVIVCLALTLQTDFSCHKQLAFEKLMKGVSHALGHGY
> GLB2_MORMR
PIVDSGSVSPLSDAEKNKIRAAWDIVYKNYEKNGVDILVKFFTGTPAAQAFFPKFKGLTTADALKKSSDVRWHAERIINAVNDAVKSMDDTEKMSM
KLQELSVKHAQSFYVDRQYFKVLAGIIADTTAPGDAGFEKLMSMICILLSSAY
> GLBZ_CHITH
MKFIILALCVAAASALSGDQIGLVQSTYGKVKGDSVGILYAVFKADPTIQAAFPQFVGKDLDAIKGGAEFSTHAGRIVGFLGGVIDDLPNIGKHVD
ALVATHKPRGVTHAQFNNFRAAFIAYLKGHVDYTAAVEAAWGATFDAFFGAVFAKM
> HBF1_URECA
GLTTAQIKAIQDHWFLnIKGCLQAAADSIFFKYLTAYPGDLAFFHKFSSVPLYGLRSNPAYKAQTLTVINYLDKVVDALGGNAGALMKAKVPSHDA
MGITPKHFGQLLKLVGGVFQEEFSADPTTVAAWGDAAGVLVAAMK
```

附录 D 50 条球蛋白序列的 HMMER 程序多重序列联配结果

```
                        1                                          50
lgb1_pea   ~~~~~~~~~~G FTDKQEALVN SSSE.FKQNL PGYSILFYTI VLEKAPAAKG
lgb1_vicfa ~~~~~~~~~~G FTEKQEALVN SSSQLFKQNP SNYSVLFYTI ILQKAPTAKA
myg_escgi  ~~~~~~~~~~V LSDAEWQLVL NIWAKVEADV AGHGQDILIR LFKGHPETLE
myg_horse  ~~~~~~~~~~G LSDGEWQQVL NVWGKVEADI AGHGQEVLIR LFTGHPETLE
myg_progu  ~~~~~~~~~~G LSDGEWQLVL NVWGKVEGDL SGHGQEVLIR LFKGHPETLE
myg_saisc  ~~~~~~~~~~G LSDGEWQLVL NIWGKVEADI PSHGQEVLIS LFKGHPETLE
myg_lycpi  ~~~~~~~~~~G LSDGEWQIVL NIWGKVETDL AGHGQEVLIR LFKNHPETLD
myg_mouse  ~~~~~~~~~~G LSDGEWQLVL NVWGKVEADL AGHGQEVLIG LFKTHPETLD
myg_musan  ~~~~~~~~~~ ~~~VDWEKVN SVWSAVESDL TAIGQNILLR LFEQYPESQN
hba_ailme  ~~~~~~~~~~V LSPADKTNVK ATWDKIGGHA GEYGGEALER TFASFPTTKT
hba_prolo  ~~~~~~~~~~V LSPADKANIK ATWDKIGGHA GEYGGEALER TFASFPTTKT
hba_pagla  ~~~~~~~~~~V LSSADKNNIK ATWDKIGSHA GEYGAEALER TFISFPTTKT
hba_macfa  ~~~~~~~~~~V LSPADKTNVK AAWGKVGGHA GEYGAEALER MFLSFPTTKT
hba_macsi  ~~~~~~~~~~V LSPADKTNVK DAWGKVGGHA GEYGAEALER MFLSFPTTKT
hba_ponpy  ~~~~~~~~~~V LSPADKTNVK TAWGKVGAHA GDYGAEALER MFLSFPTTKT
hba2_galcr ~~~~~~~~~~V LSPTDKSNVK AAWEKVGAHA GDYGAEALER MFLSFPTTKT
hba_mesau  ~~~~~~~~~~V LSAKDKTNIS EAWGKIGGHA GEYGAEALER MFFVYPTTKT
hba2_bosmu ~~~~~~~~~~V LSAADKGNVK AAWGKVGGHA AEYGAEALER MFLSFPTTKT
hba_erieu  ~~~~~~~~~~V LSATDKANVK TFWGKLGGHG GEYGGEALDR MFQAHPTTKT
hba_frapo  ~~~~~~~~~~V LSAADKNNVK GIFGKISSHA EDYGAEALER MFITYPSTKT
hba_phaco  ~~~~~~~~~~V LSAADKNNVK GIFTKIAGHA EEYGAEALER MFITYPSTKT
hba_trioc  ~~~~~~~~~~V LSANDKTNVK TVFTKITGHA EDYGAETLER MFITYPPTKT
hba_ansse  ~~~~~~~~~~V LSAADKGNVK TVFGKIGGHA EEYGAETLQR MFQTFPQTKT
hba_colli  ~~~~~~~~~~V LSANDKSNVK AVFAKIGGQA GDLGGEALER LFITYPQTKT
hbad_chlme ~~~~~~~~~~M LTADDKKLLT QLWEKVAGHQ EEFGSEALQR MFLTYPQTKT
hbad_pasmo ~~~~~~~~~~M LTAEDKKLIQ QIWGKLGGAE EEIGADALWR MFHSYPSTKT
hbaz_horse ~~~~~~~~~~S LTKAERTMVV SIWGKISMQA DAVGTEALQR LFSSYPQTKT
hba4_salir ~~~~~~~~~~S LSAKDKANVK AIWGKILPKS DEIGEQALSR MLVVYPQTKA
hbb_ornan  ~~~~~~~~VH LSGGEKSAVT NLWGKV..NI NELGGEALGR LLVVYPWTQR
hbb_tacac  ~~~~~~~~VH LSGSEKTAVT NLWGHV..NV NELGGEALGR LLVVYPWTQR
```

```
hbe_ponpy     ~~~~~~~~VH FTAEEKAAVT SLWSKM. . NV EEAGGEALGR LLVVYPWTQR
hbb_speci     ~~~~~~~~VH LSDGEKNAIS TAWGKV. . HA AEVGAEALGR LLVVYPWTQR
hbb_speto     ~~~~~~~~VH LTDGEKNAIS TAWGKV. . NA AEIGAEALGR LLVVYPWTQR
hbb_equhe     ~~~~~~~~VQ LSGEEKAAVL ALWDKV. . NE EEVGGEALGR LLVVYPWTQR
hbb_sunmu     ~~~~~~~~VH LSGEEKACVT GLWGKV. . NE DEVGAEALGR LLVVYPWTQR
hbb_calar     ~~~~~~~~VH LTGEEKSAVT ALWGKV. . NV DEVGGEALGR LLVVYPWTQR
hbb_mansp     ~~~~~~~~VH LTPEEKTAVT TLWGKV. . NV DEVGGEALGR LLVVYPWTQR
hbb_ursma     ~~~~~~~~VH LTGEEKSLVT GLWGKV. . NV DEVGGEALGR LLVVYPWTQR
hbb_rabit     ~~~~~~~~VH LSSEEKSAVT ALWGKV. . NV EEVGGEALGR LLVVYPWTQR
hbb_tupgl     ~~~~~~~~VH LSGEEKAAVT GLWGKV. . DL EKVGGQSLGS LLIVYPWTQR
hbb_triin     ~~~~~~~~VH LTPEEKALVI GLWAKV. . NV KEYGGEALGR LLVVYPWTQR
hbb_colli     ~~~~~~~~VH WSAEEKQLIT SIWGKV. . NV ADCGAEALAR LLIVYPWTQR
hbb_larri     ~~~~~~~~VH WSAEEKQLIT GLWGKV. . NV ADCGAEALAR LLIVYPWTQR
hbb1_varex    ~~~~~~~~VH WTAEEKQLIC SLWGKI. . DV GLIGGETLAG LLVIYPWTQR
hbb2_xentr    ~~~~~~~~VH WTAEEKATIA SVWGKV. . DI EQDGHDALSR LLVVYPWTQR
hbbl_ranca    ~~~~~~~~VH WTAEEKAVIN SVWQKV. . DV EQDGHEALTR LFIVYPWTQR
hbb2_tricr    ~~~~~~~~VH LTAEDRKEIA AILGKV. . NV DSLGGQCLAR LIVVNPWSRR
glb2_mormr    PIVDSGSVSP LSDAEKNKIR AAWDIVYKNY EKNGVDILVK FFTGTPAAQA
glbz_chith    ~~~~~~~~~~ ~~~~~~~~~~ ~~~~~~~~~~ ~~~~~~~~~~ ~~~~~~~~~~
hbf1_ureca    ~~~~~~~~~~ ~~~~~~~~~~ ~~~~~~~~~~ ~~~~~~~~~~ ~~~~~~~~~~


              51                                                100
lgb1_pea      LFSFLKD. . . TAGVEDSPKL QAHAEQVFGL VRDSAAQLRT KGEVVLGNAT
lgb1_vicfa    MFSFLKD. . . SAGVVDSPKL GAHAEKVFGM VRDSAVQLRA TGEVVLDGKD
myg_escgi     KFDKFKHLKT EAEMKASEDL KKHGNTVLTA LGGILKKKGH . . . HEAELKP
myg_horse     KFDKFKHLKT EAEMKASEDL KKHGTVVLTA LGGILKKKGH . . . HEAELKP
myg_progu     KFDKFKHLKA EDEMRASEEL KKHGTTVLTA LGGILKKKGQ . . . HAAELAP
myg_saisc     KFDKFKHLKS EDEMKASEEL KKHGTTVLTA LGGILKKKGQ . . . HEAELKP
myg_lycpi     KFDKFKHLKT EDEMKGSEDL KKHGNTVLTA LGGILKKKGH . . . HEAELKP
myg_mouse     KFDKFKNLKS EEDMKGSEDL KKHGCTVLTA LGTILKKKGQ . . . HAAEIQP
myg_musan     HFPKFKN. KS LGELKDTADI KAQADTVLSA LGNIVKKKGS . . . HSQPVKA
hba_ailme     YFPHF. DLSP . . . . . GSAQV KAHGKKVADA LTTAVGHLDD . . . LPGALSA
hba_prolo     YFPHF. DLSP . . . . . GSAQV KAHGKKVADA LTLAVGHLDD . . . LPGALSA
hba_pagla     YFPHF. DLSH . . . . . GSAQV KAHGKKVADA LTLAVGHLED . . . LPNALSA
hba_macfa     YFPHF. DLSH . . . . . GSAQV KGHGKKVADA LTLAVGHVDD . . . MPQALSA
hba_macsi     YFPHF. DLSH . . . . . GSAQV KGHGKKVADA LTLAVGHVDD . . . MPQALSA
hba_ponpy     YFPHF. DLSH . . . . . GSAQV KDHGKKVADA LTNAVAHVDD . . . MPNALSA
hba2_galcr    YFPHF. DLSH . . . . . GSTQV KGHGKKVADA LTNAVLHVDD . . . MPSALSA
hba_mesau     YFPHF. DVSH . . . . . GSAQV KGHGKKVADA LTNAVGHLDD . . . LPGALSA
hba2_bosmu    YFPHF. DLSH . . . . . GSAQV KGHGAKVAAA LTKAVGHLDD . . . LPGALSE
```

```
hba_erieu   YFPHF.DLNP .....GSAQV KGHGKKVADA LTTAVNNLDD ...VPGALSA
hba_frapo   YFPHF.DLSH .....GSAQV KGHGKKVAA  LIEAANHIDD ...IAGTLSK
hba_phaco   YFPHF.DLSH .....GSAQI KGHGKKVVAA LIEAVNHIDD ...ITGTLSK
hba_trioc   YFPHF.DLHH .....GSAQI KAHGKKVVGA LIEAVNHIDD ...IAGALSK
hba_ansse   YFPHF.DLQP .....GSAQI KAHGKKVAAA LVEAANHIDD ...IAGALSK
hba_colli   YFPHF.DLSH .....GSAQI KGHGKKVAEA LVEAANHIDD ...IAGALSK
hbad_chlme  YFPHF.DLHP .....GSEQV RGHGKKVAAA LGNAVKSLDN ...LSQALSE
hbad_pasmo  YFPHF.DLSQ .....GSDQI RGHGKKVVAA LSNAIKNLDN ...LSQALSE
hbaz_horse  YFPHF.DLHE .....GSPQL RAHGSKVAAA VGDAVKSIDN ...VAGALAK
hba4_salir  YFSHWASVAP .....GSAPV KKHGITIMNQ IDDCVGHMDD ...LFGFLTK
hbb_ornan   FFEAFGDLSS AGAVMGNPKV KAHGAKVLTS FGDALKNLDD ...LKGTFAK
hbb_tacac   FFESFGDLSS ADAVMGNAKV KAHGAKVLTS FGDALKNLDN ...LKGTFAK
hbe_ponpy   FFDSFGNLSS PSAILGNPKV KGHGKKVLTS FGDAIKNMDN ...LKTTFAK
hbb_speci   FFDSFGDLSS ASAVMGNAKV KAHGKKVIDS FSNGLKHLDN ...LKGTFAS
hbb_speto   FFDSFGDLSS ASAVMGNAKV KAHGKKVIDS FSNGLKHLDN ...LKGTFAS
hbb_equhe   FFDSFGDLSN PAAVMGNPKV KAHGKKVLHS FGEGVHHLDN ...LKGTFAQ
hbb_sunmu   FFDSFGDLSS ASAVMGNPKV KAHGKKVLHS LGEGVANLDN ...LKGTFAK
hbb_calar   FFESFGDLST PDAVMNNPKV KAHGKKVLGA FSDGLTHLDN ...LKGTFAH
hbb_mansp   FFDSFGDLSS PDAVMGNPKV KAHGKKVLGA FSDGLNHLDN ...LKGTFAQ
hbb_ursma   FFDSFGDLSS ADAIMNNPKV KAHGKKVLNS FSDGLKNLDN ...LKGTFAK
hbb_rabit   FFESFGDLSS ANAVMNNPKV KAHGKKVLAA FSEGLSHLDN ...LKGTFAK
hbb_tupgl   FFDSFGDLSS PSAVMSNPKV KAHGKKVLTS FSDGLNHLDN ...LKGTFAK
hbb_triin   FFEHFGDLSS ASAIMNNPKV KAHGEKVFTS FGDGLKHLED ...LKGAFAE
hbb_colli   FFSSFGNLSS ATAISGNPNV KAHGKKVLTS FGDAVKNLDN ...IKGTFAQ
hbb_larri   FFASFGNLSS PTAINGNPMV RAHGKKVLTS FGEAVKNLDN ...IKNTFAQ
hbb1_varex  QFSHFGNLSS PTAIAGNPRV KAHGKKVLTS FGDAIKNLDN ...IKDTFAK
hbb2_xentr  YFSSFGNLSN VSAVSGNVKV KAHGNKVLSA VGSAIQHLDD ...VKSHLKG
hbbl_ranca  YFSTFGDLSS PAAIAGNPKV HAHGKKILGA IDNAIHNLDD ...VKGTLHD
hbb2_tricr  YFHDFGDLSS CDAICRNPKV LAHGAKVMRS IVEATKHLDN ...LREYYAD
glb2_mormr  FFPKFKGLTT ADALKKSSDV RWHAERIINA VNDAVKSMDD TEKMSMKLQE
glbz_chith  ~~~~~~~~~~ ~~~~~~~~~~ ~~~~~~~~~~ ~~~~~~~~~~ ~~~~~~~~~~
hbf1_ureca  ~~~~~~~~~~ ~~~~~~~~~~ ~~~~~~~~~~ ~~~~~~~~~~ ~~~~~~~~~~
```

```
            101                                           150
lgb1_pea    LGAIHVQKGV TNP.HFVVVK EALLQTIKKA SGNNWSEELN TAWEVAYDGL
lgb1_vicfa  .GSIHIQKGV LDP.HFVVVK EALLKTIKEA SGDKWSEELS AAWEVAYDGL
myg_escgi   LAQSHATKHK IPIKYLEFIS DAIIHVLHSR HPGDFGADAQ AAMNKALELF
myg_horse   LAQSHATKHK IPIKYLEFIS DAIIHVLHSK HPGNFGADAQ GAMTKALELF
myg_progu   LAQSHATKHK IPVKYLEFIS EAIIQVLQSK HPGDFGADAQ GAMSKALELF
```

```
myg_saisc   LAQSHATKHK IPVKYLELIS DAIVHVLQKK HPGDFGADAQ GAMKKALELF
myg_lycpi   LAQSHATKHK IPVKYLEFIS DAIIQVLQNK HSGDFHADTE AAMKKALELF
myg_mouse   LAQSHATKHK IPVKYLEFIS EIIIEVLKKR HSGDFGADAQ GAMSKALELF
myg_musan   LAATHITTHK IPPHYFTKIT TIAVDVLSEM YPSEMNAQVQ AAFSGAFKII
hba_ailme   LSDLHAHKLR VDPVNFKLLS HCLLVTLASH HPAEFTPAVH ASLDKFFSAV
hba_prolo   LSDLHAYKLR VDPVNFKLLS HCLLVTLACH HPAEFTPAVH ASLDKFFTSV
hba_pagla   LSDLHAYKLR VDPVNFKLLS HCLLVTLACH HPAEFTPAVH SALDKFFSAV
hba_macfa   LSDLHAHKLR VDPVNFKLLS HCLLVTLAAH LPAEFTPAVH ASLDKFLASV
hba_macsi   LSDLHAHKLR VDPVNFKLLS HCLLVTLAAH LPAEFTPAVH ASLDKFLASV
hba_ponpy   LSDLHAHKLR VDPVNFKLLS HCLLVTLAAH LPAEFTPAVH ASLDKFLASV
hba2_galcr  LSDLHAHKLR VDPVNFKLLR HCLLVTLACH HPAEFTPAVH ASLDKFMASV
hba_mesau   LSDLHAHKLR VDPVNFKLLS HCLLVTLANH HPADFTPAVH ASLDKFFASV
hba2_bosmu  LSDLHAHKLR VDPVNFKLLS HSLLVTLASH LPSDFTPAVH ASLDKFLANV
hba_erieu   LSDLHAHKLR VDPVNFKLLS HCLLVTLALH HPADFTPAVH ASLDKFLATV
hba_frapo   LSDLHAHKLR VDPVNFKLLG QCFLVVVAIH HPSALTPEVH ASLDKFLCAV
hba_phaco   LSDLHAHKLR VDPVNFKLLG QCFLVVVAIH HPSALTPEVH ASLDKFLCAV
hba_trioc   LSDLHAQKLR VDPVNFKLLG QCFLVVVAIH HPSVLTPEVH ASLDKFLCAV
hba_ansse   LSDLHAQKLR VDPVNFKFLG HCFLVVLAIH HPSLLTPEVH ASMDKFLCAV
hba_colli   LSDLHAQKLR VDPVNFKLLG HCFLVVVAVH FPSLLTPEVH ASLDKFVLAV
hbad_chlme  LSNLHAYNLR VDPANFKLLA QCFQVVLATH LGKDYSPEMH AAFDKFLSAV
hbad_pasmo  LSNLHAYNLR VDPVNFKFLS QCLQVSLATR LGKEYSPEVH SAVDKFMSAV
hbaz_horse  LSELHAYILR VDPVNFKFLS HCLLVTLASR LPADFTADAH AAWDKFLSIV
hba4_salir  LSELHATKLR VDPTNFKILA HNLIVVIAAY FPAEFTPEIH LSVDKFLQQL
hbb_ornan   LSELHCDKLH VDPENFNRLG NVLIVVLARH FSKDFSPEVQ AAWQKLVSGV
hbb_tacac   LSELHCDKLH VDPENFNRLG NVLVVVLARH FSKEFTPEAQ AAWQKLVSGV
hbe_ponpy   LSELHCDKLH VDPENFKLLG NVMVIILATH FGKEFTPEVQ AAWQKLVSAV
hbb_speci   LSELHCDKLH VDPENFKLLG NMIVIVMAHH LGKDFTPEAQ AAFQKVVAGV
hbb_speto   LSELHCDKLH VDPENFKLLG NMIVIVMAHH LGKDFTPEAQ AAFQKVVAGV
hbb_equhe   LSELHCDKLR VDPENFRLLG NVLVVVLARH FGKDFTPELQ ASYQKVVAGV
hbb_sunmu   LSELHCDKLH VDPENFRLLG NVLVVVLASK FGKEFTPPVQ AAFQKVVAGV
hbb_calar   LSELHCDKLH VDPENFRLLG NVLVCVLAHH FGKEFTPVVQ AAYQKVVAGV
hbb_mansp   LSELHCDKLH VDPENFKLLG NVLVCVLAHH FGKEFTPQVQ AAYQKVVAGV
hbb_ursma   LSELHCDKLH VDPENFKLLG NVLVCVLAHH FGKEFTPQVQ AAYQKVVAGV
hbb_rabit   LSELHCDKLH VDPENFRLLG NVLVIVLSHH FGKEFTPQVQ AAYQKVVAGV
hbb_tupgl   LSELHCDKLH VDPENFRLLG NVLVRVLACN FGPEFTPQVQ AAFQKVVAGV
hbb_triin   LSELHCDKLH VDPENFRLLG NVLVCVLARH FGKEFSPEAQ AAYQKVVAGV
hbb_colli   LSELHCDKLH VDPENFRLLG DILVIILAAH FGKDFTPECQ AAWQKLVRVV
hbb_larri   LSELHCDKLH VDPENFRLLG DILIIVLAAH FAKDFTPDSQ AAWQKLVRVV
hbb1_varex  LSELHCDKLH VDPTNFKLLG NVLVIVLADH HGKEFTPAHH AAYQKLVNVV
```

```
hbb2_xentr   LSKSHAEDLH  VDPENFKRLA  DVLVIVLAAK  LGSAFTPQVQ  AVWEKLNATL
hbbl_ranca   LSEEHANELH  VDPENFRRLG  EVLIVVLGAK  LGKAFSPQVQ  HVWEKFIAVL
hbb2_tricr   LSVTHSLKFY  VDPENFKLFS  GIVIVCLALT  LQTDFSCHKQ  LAFEKLMKGV
glb2_mormr   LSVKHAQSFY  VDRQYFKVLA  GII........  ..ADTTAPGD  AGFEKLMSMI
glbz_chith   ~~~~~~~~~~  ~~~~~~~~~~  ~~~~~~~~~~  ~~~~~~~~~~  ~~~~~~~~~~
hbf1_ureca   ~~~~~~~~~~  ~~~~~~~~~~  ~~~~~~~~~~  ~~~~~~~~~~  ~~~~~~~~~~


             151                                              200
 lgb1_pea    ATAIKKAMKT  A~~~~~~~~~  ~~~~~~~~~~  ~~~~~~~~~~  ~~~~~~~~~~
lgb1_vicfa   ATAIKAA~~~  ~~~~~~~~~~  ~~~~~~~~~~  ~~~~~~~~~~  ~~~~~~~~~~
 myg_escgi   RKDIAAKYKE  LGFQG~~~~~  ~~~~~~~~~~  ~~~~~~~~~~  ~~~~~~~~~~
 myg_horse   RNDIAAKYKE  LGFQG~~~~~  ~~~~~~~~~~  ~~~~~~~~~~  ~~~~~~~~~~
 myg_progu   RNDIAAKYKE  LGFQG~~~~~  ~~~~~~~~~~  ~~~~~~~~~~  ~~~~~~~~~~
 myg_saisc   RNDMAAKYKE  LGFQG~~~~~  ~~~~~~~~~~  ~~~~~~~~~~  ~~~~~~~~~~
 myg_lycpi   RNDIAAKYKE  LGFQG~~~~~  ~~~~~~~~~~  ~~~~~~~~~~  ~~~~~~~~~~
 myg_mouse   RNDIAAKYKE  LGFQG~~~~~  ~~~~~~~~~~  ~~~~~~~~~~  ~~~~~~~~~~
 myg_musan   CSDIEKEYKA  ANFQG~~~~~  ~~~~~~~~~~  ~~~~~~~~~~  ~~~~~~~~~~
 hba_ailme   STVLTSKYR~  ~~~~~~~~~~  ~~~~~~~~~~  ~~~~~~~~~~  ~~~~~~~~~~
 hba_prolo   STVLTSKYR~  ~~~~~~~~~~  ~~~~~~~~~~  ~~~~~~~~~~  ~~~~~~~~~~
 hba_pagla   STVLTSKYR~  ~~~~~~~~~~  ~~~~~~~~~~  ~~~~~~~~~~  ~~~~~~~~~~
 hba_macfa   STVLTSKYR~  ~~~~~~~~~~  ~~~~~~~~~~  ~~~~~~~~~~  ~~~~~~~~~~
 hba_macsi   STVLTSKYR~  ~~~~~~~~~~  ~~~~~~~~~~  ~~~~~~~~~~  ~~~~~~~~~~
 hba_ponpy   STVLTSKYR~  ~~~~~~~~~~  ~~~~~~~~~~  ~~~~~~~~~~  ~~~~~~~~~~
hba2_galcr   STVLTSKYR~  ~~~~~~~~~~  ~~~~~~~~~~  ~~~~~~~~~~  ~~~~~~~~~~
 hba_mesau   STVLTSKYR~  ~~~~~~~~~~  ~~~~~~~~~~  ~~~~~~~~~~  ~~~~~~~~~~
hba2_bosmu   STVLTSKYR~  ~~~~~~~~~~  ~~~~~~~~~~  ~~~~~~~~~~  ~~~~~~~~~~
 hba_erieu   ATVLTSKYR~  ~~~~~~~~~~  ~~~~~~~~~~  ~~~~~~~~~~  ~~~~~~~~~~
 hba_frapo   GNVLTAKYR~  ~~~~~~~~~~  ~~~~~~~~~~  ~~~~~~~~~~  ~~~~~~~~~~
 hba_phaco   GTVLTAKYR~  ~~~~~~~~~~  ~~~~~~~~~~  ~~~~~~~~~~  ~~~~~~~~~~
 hba_trioc   GNVLSAKYR~  ~~~~~~~~~~  ~~~~~~~~~~  ~~~~~~~~~~  ~~~~~~~~~~
 hba_ansse   ATVLTAKYR~  ~~~~~~~~~~  ~~~~~~~~~~  ~~~~~~~~~~  ~~~~~~~~~~
 hba_colli   GTVLTAKYR~  ~~~~~~~~~~  ~~~~~~~~~~  ~~~~~~~~~~  ~~~~~~~~~~
hbad_chlme   AAVLAEKYR~  ~~~~~~~~~~  ~~~~~~~~~~  ~~~~~~~~~~  ~~~~~~~~~~
hbad_pasmo   ASVLAEKYR~  ~~~~~~~~~~  ~~~~~~~~~~  ~~~~~~~~~~  ~~~~~~~~~~
hbaz_horse   SSVLTEKYR~  ~~~~~~~~~~  ~~~~~~~~~~  ~~~~~~~~~~  ~~~~~~~~~~
hba4_salir   ALALAEKYR~  ~~~~~~~~~~  ~~~~~~~~~~  ~~~~~~~~~~  ~~~~~~~~~~
 hbb_ornan   AHALGHKYH~  ~~~~~~~~~~  ~~~~~~~~~~  ~~~~~~~~~~  ~~~~~~~~~~
 hbb_tacac   SHALAHKYH~  ~~~~~~~~~~  ~~~~~~~~~~  ~~~~~~~~~~  ~~~~~~~~~~
 hbe_ponpy   AIALAHKYH~  ~~~~~~~~~~  ~~~~~~~~~~  ~~~~~~~~~~  ~~~~~~~~~~
```

```
hbb_speci    ANALAHKYH~ ~~~~~~~~~~ ~~~~~~~~~~ ~~~~~~~~~~ ~~~~~~~~~~
hbb_speto    ANALSHKYH~ ~~~~~~~~~~ ~~~~~~~~~~ ~~~~~~~~~~ ~~~~~~~~~~
hbb_equhe    ANALAHKYH~ ~~~~~~~~~~ ~~~~~~~~~~ ~~~~~~~~~~ ~~~~~~~~~~
hbb_sunmu    ANALAHKYH~ ~~~~~~~~~~ ~~~~~~~~~~ ~~~~~~~~~~ ~~~~~~~~~~
hbb_calar    ANALAHKYH~ ~~~~~~~~~~ ~~~~~~~~~~ ~~~~~~~~~~ ~~~~~~~~~~
hbb_mansp    ANALAHKYH~ ~~~~~~~~~~ ~~~~~~~~~~ ~~~~~~~~~~ ~~~~~~~~~~
hbb_ursma    ANALAHKYH~ ~~~~~~~~~~ ~~~~~~~~~~ ~~~~~~~~~~ ~~~~~~~~~~
hbb_rabit    ANALAHKYH~ ~~~~~~~~~~ ~~~~~~~~~~ ~~~~~~~~~~ ~~~~~~~~~~
hbb_tupgl    ANALAHKYH~ ~~~~~~~~~~ ~~~~~~~~~~ ~~~~~~~~~~ ~~~~~~~~~~
hbb_triin    ANALAHKYH~ ~~~~~~~~~~ ~~~~~~~~~~ ~~~~~~~~~~ ~~~~~~~~~~
hbb_colli    AHALARKYH~ ~~~~~~~~~~ ~~~~~~~~~~ ~~~~~~~~~~ ~~~~~~~~~~
hbb_larri    AHALARKYH~ ~~~~~~~~~~ ~~~~~~~~~~ ~~~~~~~~~~ ~~~~~~~~~~
hbb1_varex   SHSLARRYH~ ~~~~~~~~~~ ~~~~~~~~~~ ~~~~~~~~~~ ~~~~~~~~~~
hbb2_xentr   VAALSHGYF~ ~~~~~~~~~~ ~~~~~~~~~~ ~~~~~~~~~~ ~~~~~~~~~~
hbbl_ranca   VDALSHSYH~ ~~~~~~~~~~ ~~~~~~~~~~ ~~~~~~~~~~ ~~~~~~~~~~
hbb2_tricr   SHALGHGY~~ ~~~~~~~~~~ ~~~~~~~~~~ ~~~~~~~~~~ ~~~~~~~~~~
glb2_mormr   CILLSSAY~~ ~~~~~~~~~~ ~~~~~~~~~~ ~~~~~~~~~~ ~~~~~~~~~~
glbz_chith   ~~~~~MKFII LALCVAAASA LSGDQIGLVQ STYGKVKGDS VGILYAVFKA
hbf1_ureca   ~~~~~~~~~~ ~~~~GLTTAQ IKAIQDHWFL NIKGCLQAAA DSIFFKYLTA

               201                                            250
  lgb1_pea   ~~~~~~~~~~ ~~~~~~~~~~ ~~~~~~~~~~ ~~~~~~~~~~ ~~~~~~~~~~
 lgb1_vicfa  ~~~~~~~~~~ ~~~~~~~~~~ ~~~~~~~~~~ ~~~~~~~~~~ ~~~~~~~~~~
  myg_escgi  ~~~~~~~~~~ ~~~~~~~~~~ ~~~~~~~~~~ ~~~~~~~~~~ ~~~~~~~~~~
  myg_horse  ~~~~~~~~~~ ~~~~~~~~~~ ~~~~~~~~~~ ~~~~~~~~~~ ~~~~~~~~~~
  myg_progu  ~~~~~~~~~~ ~~~~~~~~~~ ~~~~~~~~~~ ~~~~~~~~~~ ~~~~~~~~~~
  myg_saisc  ~~~~~~~~~~ ~~~~~~~~~~ ~~~~~~~~~~ ~~~~~~~~~~ ~~~~~~~~~~
  myg_lycpi  ~~~~~~~~~~ ~~~~~~~~~~ ~~~~~~~~~~ ~~~~~~~~~~ ~~~~~~~~~~
  myg_mouse  ~~~~~~~~~~ ~~~~~~~~~~ ~~~~~~~~~~ ~~~~~~~~~~ ~~~~~~~~~~
  myg_musan  ~~~~~~~~~~ ~~~~~~~~~~ ~~~~~~~~~~ ~~~~~~~~~~ ~~~~~~~~~~
  hba_ailme  ~~~~~~~~~~ ~~~~~~~~~~ ~~~~~~~~~~ ~~~~~~~~~~ ~~~~~~~~~~
  hba_prolo  ~~~~~~~~~~ ~~~~~~~~~~ ~~~~~~~~~~ ~~~~~~~~~~ ~~~~~~~~~~
  hba_pagla  ~~~~~~~~~~ ~~~~~~~~~~ ~~~~~~~~~~ ~~~~~~~~~~ ~~~~~~~~~~
  hba_macfa  ~~~~~~~~~~ ~~~~~~~~~~ ~~~~~~~~~~ ~~~~~~~~~~ ~~~~~~~~~~
  hba_macsi  ~~~~~~~~~~ ~~~~~~~~~~ ~~~~~~~~~~ ~~~~~~~~~~ ~~~~~~~~~~
  hba_ponpy  ~~~~~~~~~~ ~~~~~~~~~~ ~~~~~~~~~~ ~~~~~~~~~~ ~~~~~~~~~~
 hba2_galcr  ~~~~~~~~~~ ~~~~~~~~~~ ~~~~~~~~~~ ~~~~~~~~~~ ~~~~~~~~~~
  hba_mesau  ~~~~~~~~~~ ~~~~~~~~~~ ~~~~~~~~~~ ~~~~~~~~~~ ~~~~~~~~~~
 hba2_bosmu  ~~~~~~~~~~ ~~~~~~~~~~ ~~~~~~~~~~ ~~~~~~~~~~ ~~~~~~~~~~
```

```
hba_erieu    ~~~~~~~~~~  ~~~~~~~~~~  ~~~~~~~~~~  ~~~~~~~~~~  ~~~~~~~~~~
hba_frapo    ~~~~~~~~~~  ~~~~~~~~~~  ~~~~~~~~~~  ~~~~~~~~~~  ~~~~~~~~~~
hba_phaco    ~~~~~~~~~~  ~~~~~~~~~~  ~~~~~~~~~~  ~~~~~~~~~~  ~~~~~~~~~~
hba_trioc    ~~~~~~~~~~  ~~~~~~~~~~  ~~~~~~~~~~  ~~~~~~~~~~  ~~~~~~~~~~
hba_ansse    ~~~~~~~~~~  ~~~~~~~~~~  ~~~~~~~~~~  ~~~~~~~~~~  ~~~~~~~~~~
hba_colli    ~~~~~~~~~~  ~~~~~~~~~~  ~~~~~~~~~~  ~~~~~~~~~~  ~~~~~~~~~~
hbad_chlme   ~~~~~~~~~~  ~~~~~~~~~~  ~~~~~~~~~~  ~~~~~~~~~~  ~~~~~~~~~~
hbad_pasmo   ~~~~~~~~~~  ~~~~~~~~~~  ~~~~~~~~~~  ~~~~~~~~~~  ~~~~~~~~~~
hbaz_horse   ~~~~~~~~~~  ~~~~~~~~~~  ~~~~~~~~~~  ~~~~~~~~~~  ~~~~~~~~~~
hba4_salir   ~~~~~~~~~~  ~~~~~~~~~~  ~~~~~~~~~~  ~~~~~~~~~~  ~~~~~~~~~~
hbb_ornan    ~~~~~~~~~~  ~~~~~~~~~~  ~~~~~~~~~~  ~~~~~~~~~~  ~~~~~~~~~~
hbb_tacac    ~~~~~~~~~~  ~~~~~~~~~~  ~~~~~~~~~~  ~~~~~~~~~~  ~~~~~~~~~~
hbe_ponpy    ~~~~~~~~~~  ~~~~~~~~~~  ~~~~~~~~~~  ~~~~~~~~~~  ~~~~~~~~~~
hbb_speci    ~~~~~~~~~~  ~~~~~~~~~~  ~~~~~~~~~~  ~~~~~~~~~~  ~~~~~~~~~~
hbb_speto    ~~~~~~~~~~  ~~~~~~~~~~  ~~~~~~~~~~  ~~~~~~~~~~  ~~~~~~~~~~
hbb_equhe    ~~~~~~~~~~  ~~~~~~~~~~  ~~~~~~~~~~  ~~~~~~~~~~  ~~~~~~~~~~
hbb_sunmu    ~~~~~~~~~~  ~~~~~~~~~~  ~~~~~~~~~~  ~~~~~~~~~~  ~~~~~~~~~~
hbb_calar    ~~~~~~~~~~  ~~~~~~~~~~  ~~~~~~~~~~  ~~~~~~~~~~  ~~~~~~~~~~
hbb_mansp    ~~~~~~~~~~  ~~~~~~~~~~  ~~~~~~~~~~  ~~~~~~~~~~  ~~~~~~~~~~
hbb_ursma    ~~~~~~~~~~  ~~~~~~~~~~  ~~~~~~~~~~  ~~~~~~~~~~  ~~~~~~~~~~
hbb_rabit    ~~~~~~~~~~  ~~~~~~~~~~  ~~~~~~~~~~  ~~~~~~~~~~  ~~~~~~~~~~
hbb_tupgl    ~~~~~~~~~~  ~~~~~~~~~~  ~~~~~~~~~~  ~~~~~~~~~~  ~~~~~~~~~~
hbb_triin    ~~~~~~~~~~  ~~~~~~~~~~  ~~~~~~~~~~  ~~~~~~~~~~  ~~~~~~~~~~
hbb_colli    ~~~~~~~~~~  ~~~~~~~~~~  ~~~~~~~~~~  ~~~~~~~~~~  ~~~~~~~~~~
hbb_larri    ~~~~~~~~~~  ~~~~~~~~~~  ~~~~~~~~~~  ~~~~~~~~~~  ~~~~~~~~~~
hbb1_varex   ~~~~~~~~~~  ~~~~~~~~~~  ~~~~~~~~~~  ~~~~~~~~~~  ~~~~~~~~~~
hbb2_xentr   ~~~~~~~~~~  ~~~~~~~~~~  ~~~~~~~~~~  ~~~~~~~~~~  ~~~~~~~~~~
hbbl_ranca   ~~~~~~~~~~  ~~~~~~~~~~  ~~~~~~~~~~  ~~~~~~~~~~  ~~~~~~~~~~
hbb2_tricr   ~~~~~~~~~~  ~~~~~~~~~~  ~~~~~~~~~~  ~~~~~~~~~~  ~~~~~~~~~~
glb2_mormr   ~~~~~~~~~~  ~~~~~~~~~~  ~~~~~~~~~~  ~~~~~~~~~~  ~~~~~~~~~~
glbz_chith   DPTIQAAFPQ  FVGKDLDAIK  GGAEFSTHAG  RIVGFLGGVI  DDL.PNIGKH
hbf1_ureca   YPGDLAFFHK  FSSVPLYGLR  SNPAYKAQTL  TVINYLDKVV  DALGGNAGAL
```

```
             251                                             300
lgb1_pea     ~~~~~~~~~~  ~~~~~~~~~~  ~~~~~~~~~~  ~~~~~~~~~~  ~~~~~~~~~~
lgb1_vicfa   ~~~~~~~~~~  ~~~~~~~~~~  ~~~~~~~~~~  ~~~~~~~~~~  ~~~~~~~~~~
myg_escgi    ~~~~~~~~~~  ~~~~~~~~~~  ~~~~~~~~~~  ~~~~~~~~~~  ~~~~~~~~~~
myg_horse    ~~~~~~~~~~  ~~~~~~~~~~  ~~~~~~~~~~  ~~~~~~~~~~  ~~~~~~~~~~
myg_progu    ~~~~~~~~~~  ~~~~~~~~~~  ~~~~~~~~~~  ~~~~~~~~~~  ~~~~~~~~~~
```

```
myg_saisc   ~~~~~~~~~ ~~~~~~~~~ ~~~~~~~~~ ~~~~~~~~~ ~~~~~~~~~
myg_lycpi   ~~~~~~~~~ ~~~~~~~~~ ~~~~~~~~~ ~~~~~~~~~ ~~~~~~~~~
myg_mouse   ~~~~~~~~~ ~~~~~~~~~ ~~~~~~~~~ ~~~~~~~~~ ~~~~~~~~~
myg_musan   ~~~~~~~~~ ~~~~~~~~~ ~~~~~~~~~ ~~~~~~~~~ ~~~~~~~~~
hba_ailme   ~~~~~~~~~ ~~~~~~~~~ ~~~~~~~~~ ~~~~~~~~~ ~~~~~~~~~
hba_prolo   ~~~~~~~~~ ~~~~~~~~~ ~~~~~~~~~ ~~~~~~~~~ ~~~~~~~~~
hba_pagla   ~~~~~~~~~ ~~~~~~~~~ ~~~~~~~~~ ~~~~~~~~~ ~~~~~~~~~
hba_macfa   ~~~~~~~~~ ~~~~~~~~~ ~~~~~~~~~ ~~~~~~~~~ ~~~~~~~~~
hba_macsi   ~~~~~~~~~ ~~~~~~~~~ ~~~~~~~~~ ~~~~~~~~~ ~~~~~~~~~
hba_ponpy   ~~~~~~~~~ ~~~~~~~~~ ~~~~~~~~~ ~~~~~~~~~ ~~~~~~~~~
hba2_galcr  ~~~~~~~~~ ~~~~~~~~~ ~~~~~~~~~ ~~~~~~~~~ ~~~~~~~~~
hba_mesau   ~~~~~~~~~ ~~~~~~~~~ ~~~~~~~~~ ~~~~~~~~~ ~~~~~~~~~
hba2_bosmu  ~~~~~~~~~ ~~~~~~~~~ ~~~~~~~~~ ~~~~~~~~~ ~~~~~~~~~
hba_erieu   ~~~~~~~~~ ~~~~~~~~~ ~~~~~~~~~ ~~~~~~~~~ ~~~~~~~~~
hba_frapo   ~~~~~~~~~ ~~~~~~~~~ ~~~~~~~~~ ~~~~~~~~~ ~~~~~~~~~
hba_phaco   ~~~~~~~~~ ~~~~~~~~~ ~~~~~~~~~ ~~~~~~~~~ ~~~~~~~~~
hba_trioc   ~~~~~~~~~ ~~~~~~~~~ ~~~~~~~~~ ~~~~~~~~~ ~~~~~~~~~
hba_ansse   ~~~~~~~~~ ~~~~~~~~~ ~~~~~~~~~ ~~~~~~~~~ ~~~~~~~~~
hba_colli   ~~~~~~~~~ ~~~~~~~~~ ~~~~~~~~~ ~~~~~~~~~ ~~~~~~~~~
hbad_chlme  ~~~~~~~~~ ~~~~~~~~~ ~~~~~~~~~ ~~~~~~~~~ ~~~~~~~~~
hbad_pasmo  ~~~~~~~~~ ~~~~~~~~~ ~~~~~~~~~ ~~~~~~~~~ ~~~~~~~~~
hbaz_horse  ~~~~~~~~~ ~~~~~~~~~ ~~~~~~~~~ ~~~~~~~~~ ~~~~~~~~~
hba4_salir  ~~~~~~~~~ ~~~~~~~~~ ~~~~~~~~~ ~~~~~~~~~ ~~~~~~~~~
hbb_ornan   ~~~~~~~~~ ~~~~~~~~~ ~~~~~~~~~ ~~~~~~~~~ ~~~~~~~~~
hbb_tacac   ~~~~~~~~~ ~~~~~~~~~ ~~~~~~~~~ ~~~~~~~~~ ~~~~~~~~~
hbe_ponpy   ~~~~~~~~~ ~~~~~~~~~ ~~~~~~~~~ ~~~~~~~~~ ~~~~~~~~~
hbb_speci   ~~~~~~~~~ ~~~~~~~~~ ~~~~~~~~~ ~~~~~~~~~ ~~~~~~~~~
hbb_speto   ~~~~~~~~~ ~~~~~~~~~ ~~~~~~~~~ ~~~~~~~~~ ~~~~~~~~~
hbb_equhe   ~~~~~~~~~ ~~~~~~~~~ ~~~~~~~~~ ~~~~~~~~~ ~~~~~~~~~
hbb_sunmu   ~~~~~~~~~ ~~~~~~~~~ ~~~~~~~~~ ~~~~~~~~~ ~~~~~~~~~
hbb_calar   ~~~~~~~~~ ~~~~~~~~~ ~~~~~~~~~ ~~~~~~~~~ ~~~~~~~~~
hbb_mansp   ~~~~~~~~~ ~~~~~~~~~ ~~~~~~~~~ ~~~~~~~~~ ~~~~~~~~~
hbb_ursma   ~~~~~~~~~ ~~~~~~~~~ ~~~~~~~~~ ~~~~~~~~~ ~~~~~~~~~
hbb_rabit   ~~~~~~~~~ ~~~~~~~~~ ~~~~~~~~~ ~~~~~~~~~ ~~~~~~~~~
hbb_tupgl   ~~~~~~~~~ ~~~~~~~~~ ~~~~~~~~~ ~~~~~~~~~ ~~~~~~~~~
hbb_triin   ~~~~~~~~~ ~~~~~~~~~ ~~~~~~~~~ ~~~~~~~~~ ~~~~~~~~~
hbb_colli   ~~~~~~~~~ ~~~~~~~~~ ~~~~~~~~~ ~~~~~~~~~ ~~~~~~~~~
hbb_larri   ~~~~~~~~~ ~~~~~~~~~ ~~~~~~~~~ ~~~~~~~~~ ~~~~~~~~~
hbb1_varex  ~~~~~~~~~ ~~~~~~~~~ ~~~~~~~~~ ~~~~~~~~~ ~~~~~~~~~
```

```
hbb2_xentr   ~~~~~~~~~   ~~~~~~~~~   ~~~~~~~~~   ~~~~~~~~~   ~~~~~~~~~
hbbl_ranca   ~~~~~~~~~   ~~~~~~~~~   ~~~~~~~~~   ~~~~~~~~~   ~~~~~~~~~
hbb2_tricr   ~~~~~~~~~   ~~~~~~~~~   ~~~~~~~~~   ~~~~~~~~~   ~~~~~~~~~
glb2_mormr   ~~~~~~~~~   ~~~~~~~~~   ~~~~~~~~~   ~~~~~~~~~   ~~~~~~~~~
glbz_chith   VDALVATHKP RGVTHAQFNN FRAAFIAYLK GHVDYTAAVE AAWGATFDAF
hbf1_ureca   MKAKVPSHDA MGITPKHFGQ LLKLVGGVFQ EEFSADPTTV AAWGDAAGVL
```

```
                 301
  lgb1_pea    ~~~~~~~~
lgb1_vicfa    ~~~~~~~~
 myg_escgi    ~~~~~~~~
 myg_horse    ~~~~~~~~
 myg_progu    ~~~~~~~~
 myg_saisc    ~~~~~~~~
 myg_lycpi    ~~~~~~~~
 myg_mouse    ~~~~~~~~
 myg_musan    ~~~~~~~~
 hba_ailme    ~~~~~~~~
 hba_prolo    ~~~~~~~~
 hba_pagla    ~~~~~~~~
 hba_macfa    ~~~~~~~~
 hba_macsi    ~~~~~~~~
 hba_ponpy    ~~~~~~~~
hba2_galcr    ~~~~~~~~
 hba_mesau    ~~~~~~~~
hba2_bosmu    ~~~~~~~~
 hba_erieu    ~~~~~~~~
 hba_frapo    ~~~~~~~~
 hba_phaco    ~~~~~~~~
 hba_trioc    ~~~~~~~~
 hba_ansse    ~~~~~~~~
 hba_colli    ~~~~~~~~
hbad_chlme    ~~~~~~~~
hbad_pasmo    ~~~~~~~~
hbaz_horse    ~~~~~~~~
hba4_salir    ~~~~~~~~
 hbb_ornan    ~~~~~~~~
 hbb_tacac    ~~~~~~~~
 hbe_ponpy    ~~~~~~~~
```

```
hbb_speci   ~~~~~~~~
hbb_speto   ~~~~~~~~
hbb_equhe   ~~~~~~~~
hbb_sunmu   ~~~~~~~~
hbb_calar   ~~~~~~~~
hbb_mansp   ~~~~~~~~
hbb_ursma   ~~~~~~~~
hbb_rabit   ~~~~~~~~
hbb_tupgl   ~~~~~~~~
hbb_triin   ~~~~~~~~
hbb_colli   ~~~~~~~~
hbb_larri   ~~~~~~~~
hbb1_varex  ~~~~~~~~
hbb2_xentr  ~~~~~~~~
hbbl_ranca  ~~~~~~~~
hbb2_tricr  ~~~~~~~~
glb2_mormr  ~~~~~~~~
glbz_chith  FGAVFAKM
hbf1_ureca  VAAMK~~~
```

附录 E　64 条 SH3 结构域蛋白序列

```
>ASV_vSRC
TTFVALYDYESRTETDLSFKKGERLQIVNNTEGDWWLAHSLTTGQTGYIPSNYVAPSD
>RSV_vSRC
TTFVALYDYESWTETDLSFKKGERLQIVNNTEGDWWLAHSLTTGQTGYIPSNYVAPSD
>H_cSRC1
TTFVALYDYESRTETDLSFKKGERLQIVNNTEGDWWLAHSLSTGQTGYIPSNYVAPSD
>X1_cSRC1
TTFVALYDYESRTETDLSFKKGERLQIVNNTEGDWWLARSLSSGQTGYIPSNYVAPSD
>M_nSRC
TTFVALYDYESRTETDLSFKKGERLQIVNNTRKVDVREGDWWLAHSLSTGQTGYIPSNYVAPSD
>X1_cSRC2
TTFVALYDYESRTETDLSFRKGERLQIVNNTEGDWWLARSLSSGQTGYIPSNYVAPSD
>ASV_vYES
TVFVALYDYEARTTDDLSFKKGERFQIINNTEGDWWEARSIATGKTGYIPSNYVAPAD
>C_cYES
TVFVALYDYEARTTDDLSFKKGERFQIINNTEGDWWEARSIATGKTGYIPSNYVAPAD
>H_cYES1
TIFVALYDYEARTTEDLSFKKGERFQIINNTEGDWWEARSIATGKNGYIPSNYVAPAD
>X1_cYES
TVFVALYDYEARTTEDLSFRKGERFQIINNTEGDWWEARSIATGKTGYIPSNYVAPAD
>X1_cFYN
TLFVALYDYEARTEDDLSFQKGEKFQILNSSEGDWWEARSLTTGGTGYIPSNYVAPVD
>H_cFYN
TLFVALYDYEARTEDDLSFHKGEKFQILNSSEGDWWEARSLTTGETGYIPSNYVAPVD
>M_cFGR
TIFVALYDYEARTGDDLTFTKGEKFHILNNTEYDWWEARSLSSGHRGYVPSNYVAPVD
>H_cFGR
TLFIALYDYEARTEDDLTFTKGEKFHILNNTEGDWWEARSLSSGKTGCIPSNYVAPVD
>Ha_STK
TIFVALYDYEARISADLSFKKGERLQIINTADGDWWYARSLITNSEGYIPSTYVAPEK
>H_HCK
IIVVALYDYEAIHHEDLSFQKGDQMVVLEESGEWWKARSLATRKEGYIPSNYVARVD
>M_HCK
TIVVALYDYEAIHREDLSFQKGDQMVVLEEAGEWWKARSLATKKEGYIPSNYVARVN
>H_LYN
DIVVALYPYDGIHPDDLSFKKGEKMKVLEEHGEWWKAKSLLTKKEGFIPSNYVAKLN
>M_BLK
RFVVALFDVAAVNDRDLQVLKGEKLQVLRSTGDWWLARSLVTGREGYVPSNFVAPVE
>M_LSKT
NLVIALHSYEPSHDGDLGFEKGEQLRILEQSGEWWKAQSLTTGQEGFIPFNFVAKAN
>H_LCK
NLVIALHSYEPSHDGDLGFEKGEQLRILEQSGEWWKAQSTTGQEGFIPFNFVAKAN
```

```
>FSV_vABL
NLFVALYDFVASGDNTLSITKGEKLRVLGYNHNGEWCEAQTKNGQGWVPSNYITPVN
>Dm_AML1
QLFVALYDFQAGGENQLSLKKGEQVRILSYNKSGEWCEAHSSGNVGWVPSNYVTPLN
>C_cTKL
KLVVALYDYEPTHDGDLGLKQGEKLRVLEESGEWWRAQSLTTGQEGLIPHNFVAMVN
>Ce_sem5/1
MEAVAEHDFQAGSPDELSFKRGNTLKVLNKDEDPHWYKAELDGNEGFIPSNYIRMTE
>Ce_sem5/2
KFVQALFDFNPQESGELAFKRGDVITLINKDDPNWWEGQLNNRRGIFPSNYVCPYN
>Dm_SRC1
RVVVSLYDYKSRDESDLSFMKGDRMEVIDDTESDWWRVVNLTTRQEGLIPLNFVAEER
>ASV_GAGCRK
EYVRALFDFKGNDDGDLPFKKGDILKIRDKPEEQWWNAEDMDGKRGMIPVPYVEKCR
>C_Spca
ELVLALYDYQEKSPREVTMKKGDILTLLNSTNKDWWKVEVNDRQGFVPAAYVKKLD
>Dm_Spca
ECVVALYDYTEKSPREVSMKKGDVLTLLNSNNKDWWKVEVNDRQGFVPAAYIKKID
>Dm_Spcb
PHVKSLFPFEGQGMKMDKGEVMLLKSKTNDDWWCVRKDNGVEGFVPANYVREVE
>H_PLC
RTVKALYDYKAKRSDELSFCKGALIHNVSKEPGGWWKGDYGTRIQQYFPSNYVEDIS
>R_PLCII
CAVKALFDYKAQREDELTFTKSAIIQNVEKQDGGWWRGDYGGKKQLWFPSNYVEEMI
>B_PLCII
CAVKALFDYKAQREDELTFTKSAIIQNVEKQEGGWWRGDYGGKKQLWFPSNYVEEMV
>H_PLC1
CAVKALFDYKAQREDELTFIKSAIIQNVEKQEGGWWRGDYGGKKQLWFPSNYVEEMV
>H_RASA/GAP
RRVRAILPYTKVPDTDEISFLKGDMFIVHNELEDGWMWVTNLRTDEQGLIVEDLVEEVG
>Ac_MILB
PQVKALYDYDAQTGDELTFKEGDTIIVHQKDPAGWWEGELNGKRGWVPANYVQDI
>Ac_MILC
EQARALYDFAAENPDELTFNEGAVVTVINKSNPDWWEGELNGQRGVFPASYVELIP
>H_HS1
ISAVALYDYQGEGSDELSFDPDDVITDIEMVDEGWWRGRCHGHFGLFPANYVKLLE
>H_VAV
GTAKARYDFCARDRSELSLKEGDIIKILNKKGQQGWWRGEIYGRVGWFPANYVEEDY
>Dm_SRC2
KLVVALYLGKAIEGGDLSVGEKNAEYEVIDDSQEHWWKVKDALGNVGYIPSNYVQAEA
>R_CSK
TECIAKYNFHGTAEQDLPFCKGDVLTIVAVTKDPNWYKAKNKVGREGIIPANYVQKRE
>H_NCK/1
VVVVAKFDYVAQQEQELDIKKNERLWLLDDSKSWWRVRNSMNKTGFVPSNYVERKN
>H_NCK/2
MPAYVKFNYMAEREDELSLIKGTKVIVMEKCSDGWWRGSYNGQVGWFPSNYVTEEG
>H_NCK/3
HVVVQALYPFSSSNDEELNFEKGDVMDVIEKPENDPEWWKCRKINGMVGLVPKNYVTVMQ
>H_NCF1/1
```

QTYRAIANYEKTSGSEMALSTGDVVEVVEKSESGWWFCQMKAKRGWIPASFLEPLD
>H_NCF1/2
EPYVAIKAYTAVEGDEVSLLEGEAVEVIHKLLDGWWVIRKDDVTGYFPSMYLQKSG
>H_NCF2/1
EAHRVLFGFVPETKEELQVMPGNIVFVLKKGNDNWATVMFNGQKGLVPCNYLEPVE
>H_NCF2/2
SQVEALFSYEATQPEDLEFQEGDIILVLSKVNEEWLEGECKGKVGIFPKVFVEDCA
>Y_ABP1
PWATAEYDYDAAEDNELTFVENDKIINIEFVDDDWWLGELKDGSKGLFPSNYVSLGN
>Y_BEM1/1
KVIKAKYSYQAQTSKELSFMEGEFFYVSGDEKDWYKASNPSTGKEGVVPKTYFEVFD
>Y_BEM1/2
LYAIVLYDFKAEKADELTTYVGENLFICAHHNCEWFIAKPIGRLGGPGLVPVGFVSIID
>C_P80/85
ITAIALYDYQAAGDDEISFDPDDIITNIEMIDDGWWRGVCKGRYGLFPANYVELRQ
>Y_CDC25
GIVVAAYDFNYPIKKDSSSQLLSVQQGETIYILNKNSSGWWDGLVIDDSNGKVNRGWFPQNFGRPLR
>Y_SCD25
DVVECTYQYFTKSRNKLSLRVGDLIYVLTKGSNGWWDGVLIRHSANNNNNNSLILDRGWFPPSFTRSIL
>Y_FUS1
KTYTVIQDYEPRLTDEIRISLGEKVKILATHTDGWCLVEKCNTQKGSIHVSVDDKRYLNEDRGIVPGDCLQEYD
>OC_CACB
FAVRTNVGYNPSPGDEVPVEGVAITFEPKDFLHIKEKYNNDWWIGRLVKEGCEVGFIPSPVKLDSL
>Dm_DLG
LYVRALFDYDPNRDDGLPSRGLPFKHGDILHVTNASDDEWWQARRVLGDNEDEQIGIVPSKRRWERK
>H_P55
MFMRAQFDYDPKKDNLIPCKEAGLKFATGDIIQIINKDDSNWWQGRVEGSSKESAGLIPSPELQEWR
>B_P85A
FQYRALYPFRRERPEDLELLPGDVLVVSRAALQALGVAEGNERCPQSVGWMPGLNERTRQRGDFPGTYVEFLG
>B_P85B
YQYRALYDYKKEREEDIDLHLGDILTVNKGSLVALGFSDGQEAKPEEIGWLNGYNETTGERGDFPGTYVEYIG
>M_P85B
YQYRALYDYKKEREEDIDLHLGDILTVNKGSLVALGFSDGPEARPEDIGWLNGYNETTGERGDFPGTYVEYIG
>Sp_STE6
FQTTAISDYENSSNPSFLKFSAGDTIIVIEVLEDGWCDGICSEKRGWFPTSCIDSSK
>H_AtK
KKVVALYDYMPMNANDLQLRKGDEYFILEESNLPWWRARDKNGQEGYIPSNYVTEAE

附录 F 64 条 SH3 结构域蛋白序列的 ClustalW 程序多重序列联配结果

CLUSTAL W (1.82) multiple sequence alignment

```
ASV_vSRC      TTFVALYDY-----ESRTET--------DLSFK-KGERLQI----------VNNT------E 32
RSV_vSRC      TTFVALYDY-----ESWTET--------DLSFK-KGERLQI----------VNNT------E 32
H_cSRC1       TTFVALYDY-----ESRTET--------DLSFK-KGERLQI----------VNNT------E 32
X1_cSRC1      TTFVALYDY-----ESRTET--------DLSFK-KGERLQI----------VNNT------E 32
M_nSRC        TTFVALYDY-----ESRTET--------DLSFK-KGERLQI----------VNNTRKVDVRE 38
X1_cSRC2      TTFVALYDY-----ESRTET--------DLSFR-KGERLQI----------VNNT------E 32
ASV_vYES      TVFVALYDY-----EARTTD--------DLSFK-KGERFQI----------INNT------E 32
C_cYES        TVFVALYDY-----EARTTD--------DLSFK-KGERFQI----------INNT------E 32
H_cYES1       TIFVALYDY-----EARTTE--------DLSFK-KGERFQI----------INNT------E 32
X1_cYES       TVFVALYDY-----EARTTE--------DLSFR-KGERFQI----------INNT------E 32
X1_cFYN       TLFVALYDY-----EARTED--------DLSFQ-KGEKFQI----------LNSS------E 32
H_cFYN        TLFVALYDY-----EARTED--------DLSFH-KGEKFQI----------LNSS------E 32
M_cFGR        TIFVALYDY-----EARTGD--------DLTFT-KGEKFHI----------LNNT------E 32
H_cFGR        TLFIALYDY-----EARTED--------DLTFT-KGEKFHI----------LNNT------E 32
Ha_STK        TIFVALYDY-----EARISA--------DLSFK-KGERLQI----------INTA------D 32
H_HCK         IIVVALYDY-----EAIHHE--------DLSFQ-KGDQMVV----------LEES------ 31
M_HCK         TIVVALYDY-----EAIHRE--------DLSFQ-KGDQMVV----------LEEA------ 31
H_LYN         DIVVALYPY-----DGIHPD--------DLSFK-KGEKMKV----------LEEH------ 31
M_BLK         RFVVALFDV-----AAVNDR--------DLQVL-KGEKLQV----------LRST------ 31
M_LSKT        NLVIALHSY-----EPSHDG--------DLGFE-KGEQLRI----------LEQS------ 31
H_LCK         NLVIALHSY-----EPSHDG--------DLGFE-KGEQLRI----------LEQS------ 31
FSV_vABL      NLFVALYDF-----VASGDN--------TLSIT-KGEKLRV----------LGYNHNG--- 34
Dm_AML1       QLFVALYDF-----QAGGEN--------QLSLK-KGEQVRI----------LSYNKSG--- 34
C_cTKL        KLVVALYDY-----EPTHDG--------DLGLK-QGEKLRV----------LEES------ 31
Ce_sem5/1     MEAVAEHDF-----QAGSPD--------ELSFK-RGNTLKV----------LNKDEDP--- 34
Ce_sem5/2     KFVQALFDF-----NPQESG--------ELAFK-RGDVITL----------INKD-DP--- 33
Dm_SRC1       RVVVSLYDY-----KSRDES--------DLSFM-KGDRMEV----------IDDT-----E 32
ASV_GAGCRK    EYVRALFDF-----KGNDDG--------DLPFK-KGDILKIR---------DKPEEQ---- 34
C_Spca        ELVLALYDY-----QEKSPR--------EVTMK-KGDILTL----------LNSTNK---- 33
Dm_Spca       ECVVALYDY-----TEKSPR--------EVSMK-KGDVLTL----------LNSNNK---- 33
Dm_Spcb       PHVKSLFPFE-----G---Q--------GMKMD-KGEVMLL----------KSKTNDD--- 31
H_PLC         RTVKALYDY-----KAKRSD--------ELSFC-KGALIHN----------VSKE-PG--- 33
R_PLCII       CAVKALFDY-----KAQRED--------ELTFT-KSAIIQN----------VEKQ-DG--- 33
B_PLCII       CAVKALFDY-----KAQRED--------ELTFT-KSAIIQN----------VEKQ-EG--- 33
H_PLC1        CAVKALFDY-----KAQRED--------ELTFI-KSAIIQN----------VEKQ-EG--- 33
H_RASA/GAP    RRVRAILPYT----KVPDTD--------EISFL-KGDMFIV----------HNEL------E 33
```

```
Ac_MILB    PQVKALYDY------DAQTGD--------ELTFK-EGDTIIV----------HQKD-PA---- 33
Ac_MILC    EQARALYDF------AAENPD--------ELTFN-EGAVVTV----------INKS-NP---- 33
H_HS1      ISAVALYDY------QGEGSD--------ELSFD-PDDVITD----------IEMV-DE---- 33
H_VAV      GTAKARYDF------CARDRS--------ELSLK-EGDIIKI----------LNKKGQQ---- 33
Dm_SRC2    KLVVALYLG------KAIEGG--------DLSVGEKNAEYEV----------IDDS------Q 33
R_CSK      TECIAKYNF------HGTAEQ--------DLPFC-KGDVLTI----------VAVTKDP---- 34
H_NCK/1    VVVVAKFDY------VAQQEQ--------ELDIK-KNERLWL----------LDDSK------ 32
H_NCK/2    MPAYVKFNY------MAERED--------ELSLI-KGTKVIV----------MEKC-SD---- 33
H_NCK/3    HVVQALYPFS-----SSNDE---------ELNFE-KGDVMDV----------IEKPENDP--- 35
H_NCF1/1   QTYRAIANY-----EKTSG-S--------EMALS-TGDVVEV----------VEKSES----- 33
H_NCF1/2   EPYVAIKAY------TAVEGD--------EVSLL-EGEAVEV----------IHKLLD----- 33
H_NCF2/1   EAHRVLFGF------VPETKE--------ELQVM-PGNIVFV----------LKKGND----- 33
H_NCF2/2   SQVEALFSY------EATQPE--------DLEFQ-EGDIILV----------LSKVNEE---- 34
Y_ABP1     PWATAEYDY------DAAEDN--------ELTFV-ENDKIIN----------IEFV-DD---- 33
Y_BEM1/1   KVIKAKYSY------QAQTSK--------ELSFM-EGEFFYV----------SGDEK------ 32
Y_BEM1/2   LYAIVLYDF------KAEKAD--------ELTTY-VGENLFIC---------AHHN------- 32
C_P80/85   ITAIALYDY------QAAGDD--------EISFD-PDDIITN----------IEMI-DD---- 33
Y_CDC25    GIVVAAYDFNYPIKKDSSSQ--------LLSVQ-QGETIYI----------LNKNSS----- 38
Y_SCD25    DVVECTYQY-FTKSRNK-----------LSLR-VGDLIYV----------LTKGSN----- 33
Y_FUS1     KTYTVIQDY------EPRLTD--------EIRIS-LGEKVKI----------LATHTD----- 33
OC_CACB    FAVRTNVGY------NPSPGDEVPVEGVAITFE-PKDFLHI----------KEKYNN----- 40
Dm_DLG     LYVRALFDY------DPNRDDGLPSR--GLPFK-HGDILHV----------TNASDD----- 38
H_P55      MFMRAQFDY------DPKKDNLIPCKEAGLKFA-TGDIIQI----------INKDDS----- 40
B_P85A     FQYRALYPF-----RRERPE--------DLELL-PGDVLVVSRAALQALGVAEGNERCPQS 47
B_P85B     YQYRALYDY-----KKEREE--------DIDLH-LGDILTVNKGSLVALGFSDGQEAKPEE 47
M_P85B     YQYRALYDY-----KKEREE--------DIDLH-LGDILTVNKGSLVALGFSDGPEARPED 47
Sp_STE6    FQTTAISDY-----ENSSNPS--------FLKFS-AGDTIIV----------IEVLED---- 34
H_AtK      KKVVALYDY------MPMNAN--------DLQLR-KGDEYFI----------LEES------N 32
                                 :

ASV_vSRC   GDWWLAHSLTT----------------GQTG-YIPSNYVAPSD 58
RSV_vSRC   GDWWLAHSLTT----------------GQTG-YIPSNYVAPSD 58
H_cSRC1    GDWWLAHSLST----------------GQTG-YIPSNYVAPSD 58
X1_cSRC1   GDWWLARSLSS----------------GQTG-YIPSNYVAPSD 58
M_nSRC     GDWWLAHSLST----------------GQTG-YIPSNYVAPSD 64
X1_cSRC2   GDWWLARSLSS----------------GQTG-YIPSNYVAPSD 58
ASV_vYES   GDWWEARSIAT----------------GKTG-YIPSNYVAPAD 58
C_cYES     GDWWEARSIAT----------------GKTG-YIPSNYVAPAD 58
H_cYES1    GDWWEARSIAT----------------GKNG-YIPSNYVAPAD 58
X1_cYES    GDWWEARSIAT----------------GKTG-YIPSNYVAPAD 58
X1_cFYN    GDWWEARSLTT----------------GGTG-YIPSNYVAPVD 58
H_cFYN     GDWWEARSLTT----------------GETG-YIPSNYVAPVD 58
M_cFGR     YDWWEARSLSS----------------GHRG-YVPSNYVAPVD 58
H_cFGR     GDWWEARSLSS----------------GKTG-CIPSNYVAPVD 58
Ha_STK     GDWWYARSLIT----------------NSEG-YIPSTYVAPEK 58
H_HCK      GEWWKARSLAT----------------RKEG-YIPSNYVARVD 57
M_HCK      GEWWKARSLAT----------------KKEG-YIPSNYVARVN 57
H_LYN      GEWWKAKSLLT----------------KKEG-FIPSNYVAKLN 57
M_BLK      GDWWLARSLVT----------------GREG-YVPSNFVAPVE 57
M_LSKT     GEWWKAQSLTT----------------GQEG-FIPFNFVAKAN 57
```

```
H_LCK          GEWWKAQS-TT------------GQEG-FIPFNFVAKAN 56
FSV_vABL       -EWCEAQT--K------------NGQG-WVPSNYITPVN 57
Dm_AML1        -EWCEAHS--S------------GNVG-WVPSNYVTPLN 57
C_cTKL         GEWWRAQSLTT------------GQEG-LIPHNFVAMVN 57
Ce_sem5/1      -HWYKAEL-D-------------GNEG-FIPSNYIRMTE 57
Ce_sem5/2      -NWWEG-QLN-------------NRRG-IFPSNYVCPYN 56
Dm_SRC1        SDWWRVVNLTT------------RQEG-LIPLNFVAEER 58
ASV_GAGCRK     --WWNA-EDMD------------GKRG-MIPVPYVEKCR 57
C_Spca         -DWWKVEV--N------------DRQG-FVPAAYVKKLD 56
Dm_Spca        -DWWKVEV--N------------DRQG-FVPAAYIKKID 56
Dm_Spcb        ---WWCVRKDN------------GVEG-FVPANYVREVE 54
H_PLC          -GWWKG-DYG-------------TRIQQYFPSNYVEDIS 57
R_PLCII        -GWWRG-DYG-------------GKKQLWFPSNYVEEMI 57
B_PLCII        -GWWRG-DYG-------------GKKQLWFPSNYVEEMV 57
H_PLC1         -GWWRG-DYG-------------GKKQLWFPSNYVEEMV 57
H_RASA/GAP     DGWMWVTNLRT------------DEGG-LIVEDLVEEVG 59
Ac_MILB        -GWWEG-ELN-------------GKRG-WVPANYVQDI- 55
Ac_MILC        -DWWEG-ELN-------------GQRG-VFPASYVELIP 56
H_HS1          -GWWRG-RCH-------------GHFG-LFPANYVKLLE 56
H_VAV          -GWWRG-EIY-------------GRVG-WFPANYVEEDY 57
Dm_SRC2        EHWWKVKD-AL------------GNVG-YIPSNYVQAEA 58
R_CSK          -NWYKAKN-KV------------GREG-IIPANYVQKRE 58
H_NCK/1        -SWWRVRN-SM------------NKTG-FVPSNYVERKN 56
H_NCK/2        -GWWRG-SYN-------------GQVG-WFPSNYVTEEG 56
H_NCK/3        -EWWKCRKIN-------------GMVG-LVPKNYVTVMQ 59
H_NCF1/1       -GWWFCQMKAK------------RG-WIPASFLEPLD 56
H_NCF1/2       -GWWIRKD---------------DVTG-YFPSMYLQKSG 56
H_NCF2/1       -NWATVMF--N------------GQKG-LVPCNYLEPVE 56
H_NCF2/2       ---WLEG--ECK-----------GKVG-IFPKVFVEDCA 56
Y_ABP1         -DWWLG-ELKD------------GSKG-LFPSNYVSLGN 57
Y_BEM1/1       -DWYKASNPST------------GKEG-VVPKTYFEVFD 57
Y_BEM1/2       CEWFIAKPIGR------------LGGPG-LVPVGFVSIID 59
C_P80/85       -GWWRG-VCK-------------GRYG-LFPANYVELRQ 56
Y_CDC25        -GWWDGLVIDDSNGK--------VNRG-WFPQNFGRPLR 67
Y_SCD25        -GWWDGVLIRHSANNNNNSL----ILDRG-WFPPSFTRSIL 69
Y_FUS1         -GWCLVEKCNTQKGSIHVSVDDKRYLNEDRG-IVPGDCLQEYD 74
OC_CACB        -DWWIGRLVKEG-----------CEVG-FIPSPVKLDSL 66
Dm_DLG         -EWWQARRVLGDNED--------EQIG-IVPSKRRWERK 67
H_P55          -NWWQG-RVEGSSK---------ESAG-LIPSPELQEWR 67
B_P85A         VGWMPGLNERT------------RQRG-DFPGTYVEFLG 73
B_P85B         IGWLNGYNETT------------GERG-DFPGTYVEYIG 73
M_P85B         IGWLNGYNETT------------GERG-DFPGTYVEYIG 73
Sp_STE6        -GWCDGICSEK------------RG-WFPTSCIDSSK 57
H_AtK          LPWWRARD-KN------------GQEG-YIPSNYVTEAE 57
                    *
```

攻读博士学位期间发表的
论著和完成的专利

[1] 顾燕红,史定华,王翼飞. 隐马氏模型在生物序列分析中的应用. *自然杂志*,2001;**5**(23):273-277

[2] Gu Yanhong, Shi Dinghua, Wang Yifei. Brief introduction to self-adapting hidden Markov model program for multiple sequences alignment. *Journal of Shanghai University*, 2001;**5**(2):93-95

[3] Gu Yanhong, Shi Dinghua, Wang Yifei. New training method in hidden Markov model for analysis of biological sequences. In *Proceedings of the 5th International Conference on Optimization: Techniques and Applications*,2001;**1**:455-461

[4] Shi Dinghua, Gu Yanhong, Wang Binbin. Parallelization of Self-Adapting Hidden Markov Model Program. In *Proceedings of KSS'2002*, Japan,2002;247-251

[5] 史定华,顾燕红,王宾斌. 自适应隐马氏模型的并行实现. 国际复杂性科学研讨会暨全国第二届复杂性科学学术研讨会论文集,中国上海,2002;332-338

[6] Terry Speed. 生物序列分析. 2002 年世界数学家大会 45 分钟特邀报告,史定华,王宾斌,顾燕红译. *自然杂志*,2002;**5**(24):254-258

[7] Shi Dinghua, Gu Yanhong, Wang Binbin. Theory foundation on self-adapting hidden Markov model software. *Journal of Shanghai University*,2003

[8] 史定华,顾燕红,王宾斌. 自适应隐马氏模型软件,专利

致　　谢

本学位论文的研究工作是在导师史定华教授的悉心指导下完成的.

回顾攻读博士论文的 4 年历程,首先要感谢我的导师史定华教授,是他将我领入了一个全新的、富有挑战性的研究领域;他用渊博的学识和前瞻性的思路引导着我克服了科研工作中的一个个困难,顺利地完成了我的学业. 在工作和生活中,导师为我营造了良好的环境和氛围,使我能够全心钻研;导师严谨的治学态度、求实的科研作风、谦和的为人品质以及对学生高度负责的精神,给我留下了极为深刻的印象,令我受益匪浅,受用终生. 在此,我要向史教授致以诚挚的谢意.

其次,感谢王翼飞教授,感谢他在学业和生活上给予我的许多关心、帮助和对本课题研究工作的指导和关心.

在我的博士学习期间,还有幸得到了以下多位老师的指导和帮助. 他们分别是汤正诠教授、许梦杰教授、孙世杰教授、贺国强教授、茅德康教授和陈全乐讲师等,在此一并表示感谢. 感谢生物信息实验室的博士研究生熊勇、刘海军、徐东及硕士研究生王宾斌等,正是同他们的合作和交流给了我很多启发和灵感. 感谢许许多多关心和帮助过我的朋友,我虽无法一一列举,但所有的感激和温馨都将永远留在我的心中. 同时还要感谢研究生部、数学系的各位老师,正是在所有人无私的关心和帮助下,我才有了今天的收获.

最后,诚挚的谢意还要送给我的父母和家人. 他们多年来无私的关心和爱护以及对我一如既往的支持和鼓励,使我时刻充满信心和勇气面对生活、学习和工作. 谨以此论文献给所有关心我和爱护我的人.